刘薰宇◎著

数学真有趣儿 4

一起了解函数的秘密

民主与建设出版社
·北京·

前 言

本书是著名的数学教育家刘薰宇，针对孩子们在学习中所需要掌握的数学知识，专门为孩子们编写的一套数学科普经典图书。本书内容丰富，作者用幽默风趣的文字和对数学的严谨态度，讲述了和差问题、差倍问题、和倍问题、工程问题、相遇问题、追及问题、时钟问题、年龄问题、工程问题、利润和折扣问题、流水问题、列车过桥问题、植树问题等典型数学应用题问题，以及系统地阐述了函数、连续函数、诱导函数、微分、积分和总集等概念及它们的运算法的基本原理，引导孩子了解数学，明白学习数学的意义，点燃孩子学习数学的热情。

此外，本书中搜集了许多经典的趣味数学题目，如鸡兔同笼、韩信点兵等，以及大量贴近日常生活的案例，作者通过大量图表，步骤详尽地讲述了如何通过作图来求解一些四则运算问题，既开拓了孩子的思维，

又提升了数学学习能力！这样一来，看似枯燥的数学变得趣味十足，孩子能在轻松阅读的过程中，做到真正掌握数学，所以本书非常适合中小学生自主阅读。

在学习中，让孩子对学习充满热情远比强迫孩子去记住某一知识点更重要。为了更好地呈现刘薰宇先生原著的魅力，本书结合现今孩子的阅读习惯，进行了重新编绘。

首先，本书版式精美，形式活泼，加入了富有趣味性的插画，增加孩子阅读的兴趣；其次，我们在必要的地方，精心设计了“知识归纳”“知识拓展”“例题思考”“小问题”等多个板块，引导孩子快速获取本节的重点；最后，本书的内容难易适度，与孩子在学习阶段的教学基本内容紧密相关，让孩子在快乐阅读中不仅能巩固数学知识，还能运用数学中的知识去解决生活中遇到的一些问题。

总之，本书的最终目的和宗旨就是为了让孩子能更轻松愉快地学好数学。

好了，不多说了，快来翻开这本书吧！让我们随着《数学真有趣儿》，开启充满乐趣的数学之旅吧！

目　录

第二部分　数学园地

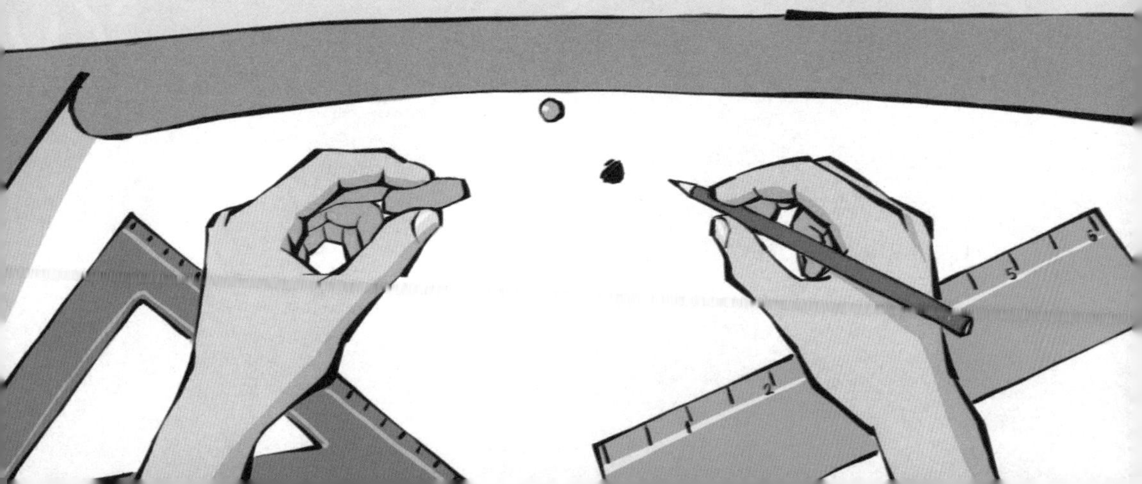

28 物物交换

•例一

酒 4 升可换茶 3 斤；茶 5 斤可换米 12 升；米 9 升可换酒多少？

马先生写好了题，问道：“这样的题，在算术中，属于哪一部分？”

"连比例。"王有道回答。

"连比例是怎么一回事，你能简单说明吗？"

"是由许多简比例连合起来的。"王有道说。

"这也是一种说法，照这种说法，你把这个题做出来看看。"

下面就是王有道做的：

（1）简比例的算法：

$$12\text{升米}:9\text{升米}=5\text{斤茶}:x\text{斤茶}，\quad x\text{斤茶}=\frac{5\text{斤茶}\times 9}{12}=\frac{15\text{斤茶}}{4}$$

$$3\text{斤茶}:\frac{15\text{斤茶}}{4}=4\text{升酒}:x\text{升酒}，\quad x\text{升酒}=\frac{4\text{升酒}\times\frac{15}{4}}{3}=5\text{升酒}$$

（2）连比例的算法：

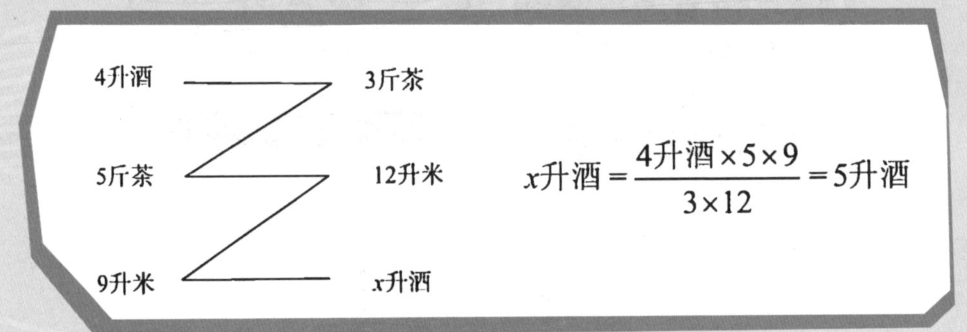

连比例的题，能用画图法来解吗？

这两种算法，其实只有繁简和顺序不同，根本毫无差别。王有道为了说明它们相同，还把（1）中的第四式这样写：

$$x\text{升酒}=\frac{4\text{升酒}\times\frac{5\times9}{12}\left(\text{即}\frac{15}{4}\right)}{3}=\frac{4\text{升酒}\times5\times9}{3\times12}=5\text{升酒}$$

它和（2）中的第二式完全一样。

马先生对于王有道的做法很满意，但他说：“连比例也可以说是两个以上的量相连续而成的比例，不过这和算法没有什么关系。”“连比例的题，能用画图法来解吗？”我想着，因为它是一些简比例合成的，应该可以。但一方面又想到，它所含的量在三个以上，恐怕未必行，因而不能断定。我索性向马先生请教。

“可以！”马先生斩钉截铁地回答，“而且并不困难。你就用这个例题来画画看吧。”

可先依照酒 4 升茶 3 斤这个比，用纵线表示酒，横线表示茶，画出 OA 线。再……我就画不下去了。米用哪条线表示呢？其实，每个人都没有下手。马先生看看这个，又看看那个：“怎么又犯难了！买醋的钱，买不了酱油吗？你们

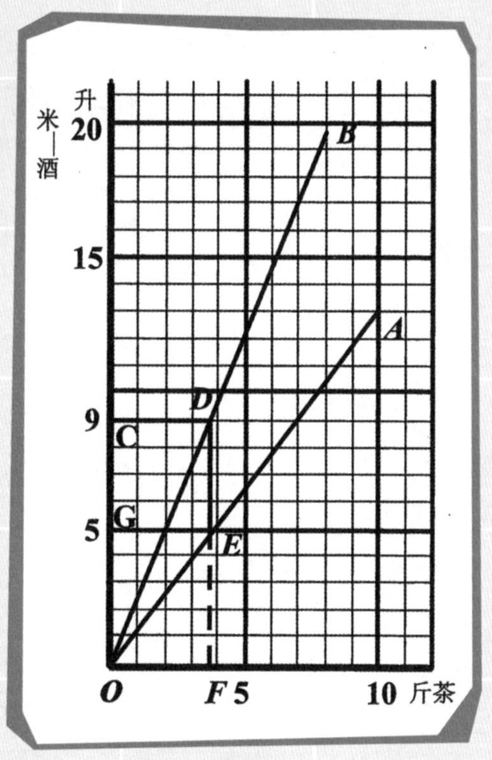

图 1

个个都可以成牛顿了，大猫走大洞，小猫一定要走小洞，是吗？——纵线上，现在你们的单位是升，一只升子（量粮食的器具，容量为 1 升）量了酒就不能量米吗？”

这明明是在告诉我们，又用纵线表示米，依照茶 5 斤可换米 12 升的比，我画出了 OB 线。我们画完以后，马先生巡视了一周，才说：“问题的要点倒在后面，怎样找出答数来呢？——说破了，也不难。9 升米可换多少茶？”

我们从纵线上的 C（表示 9 升米），横看到 OB 上的 D（茶、米的比），往下看到 OA 上的 E（茶、酒的比），再往下看到 F（茶$\frac{15}{4}$斤）。

“茶的斤数，就题目说，是没用处的。”马先生说，“你们由茶和酒的关系，再看‘过’去。”

“过”字说得特别响。我就由 E 横看到 G，它指着 5 升，这就是所求酒的升数了。

•例二

酒 3 升的价钱等于茶 2 斤的价钱；茶 3 斤的价钱等于糖 4 斤的价钱；糖 5 斤的价钱等于米 9 升的价钱。酒 1 斗（1 斗等于 10 升）可换米多少？

“举一反三。”马先生写了题说，“这个题，不过比前一题多一个弯儿，你们自己做吧！”我先取纵线表示酒，横线表示茶，依酒 3 茶 2 的比，画 *OA* 线。又取纵线表示糖，依茶 3 糖 4 的比，画 *OB* 线。再取横线表示米，依糖 5 米 9 的比，画 *OC* 线。

最后，从纵线 10——1 斗酒——横着看到 *OA* 上的 *D*，酒就换了茶。由 *D* 往下看到 *OB* 上的 *E*，茶就换了糖。由 *E*

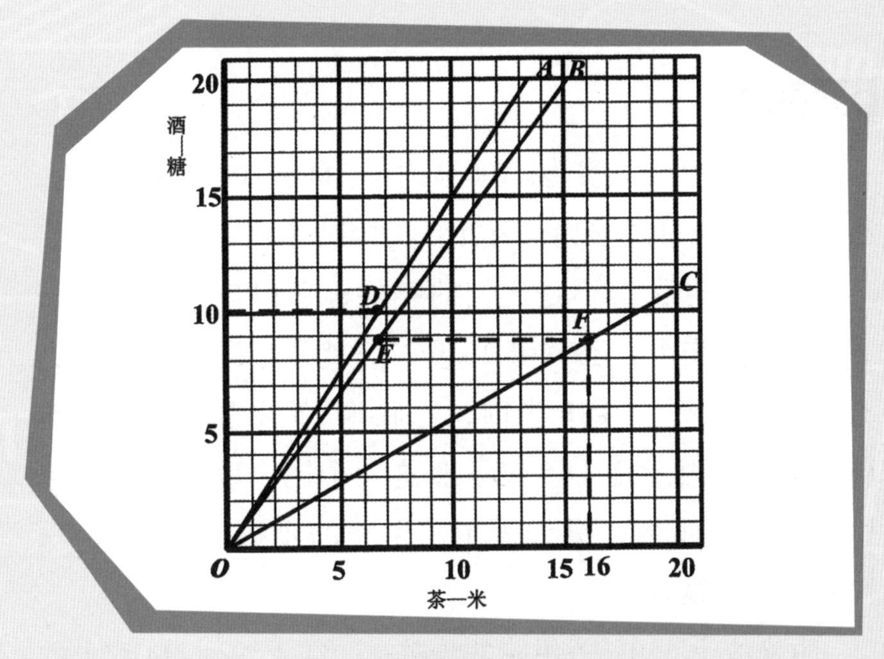

图 2

横看到 OC 上的 F，糖依然一样多，但由 F 往下看到横线上的 16，糖已换了米——酒 1 斗换米 1 斗 6 升。

照连比例的算法：

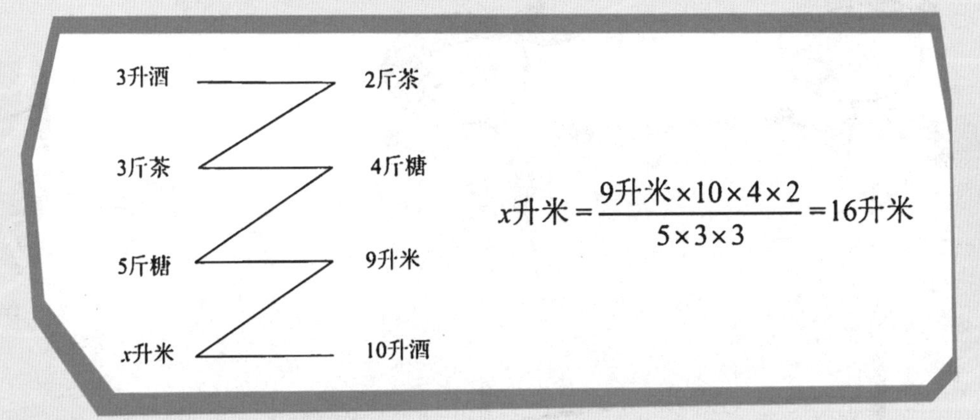

结果当然完全相同。

•例三

甲、乙、丙三人赛跑，100 步内，乙负甲 20 步；180 步内，乙胜丙 15 步；150 步内，丙负甲多少步？

本题，也含有不是比例的条件，所以应当先改变一下。“100 步内，乙负甲 20 步”，就是甲跑 100 步时，乙只跑 80 步；“180 步内，乙胜丙 15 步”，就是乙跑 180 步时，丙只跑 165 步。照这两个比，取横线表示甲和丙所跑的步数，纵线表示乙所跑的步数，我画出 *OA* 和 *OB* 两条线来。

由横线上 150——甲跑的步数——往上看到 *OA* 线上的 *C*——它指明，甲跑 150 步时，乙跑 120 步。——再由 *C* 横看到 *OB* 线上的 *D*，由 *D* 往下看，横线上 110，就是丙所跑的步数。从 110 到 150 相差 40，便是丙负甲的步数。

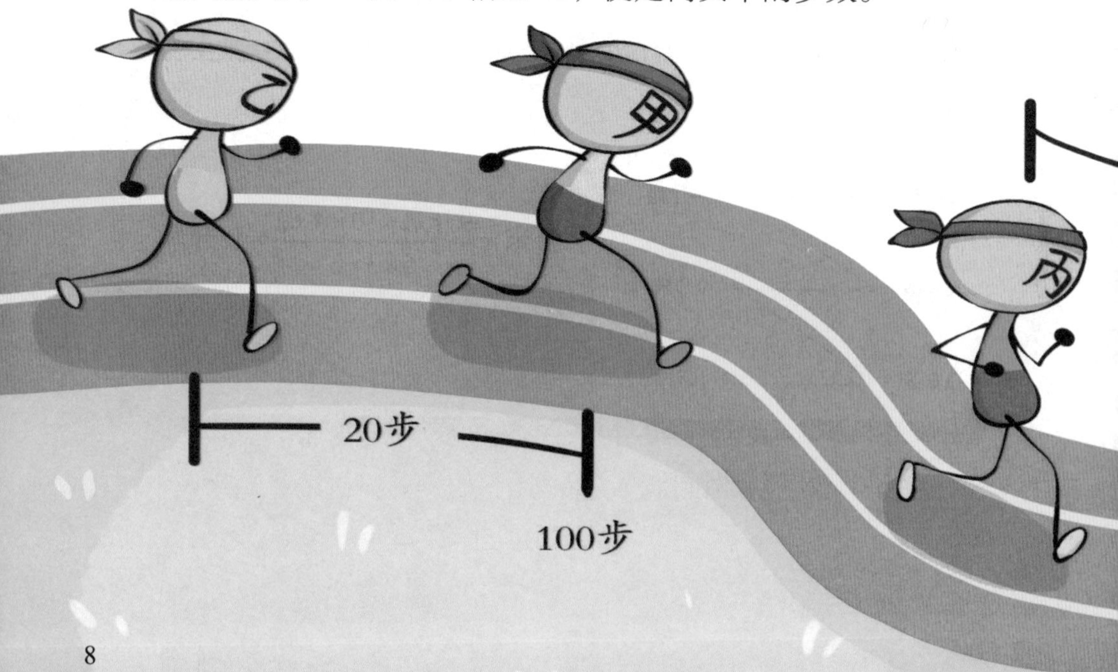

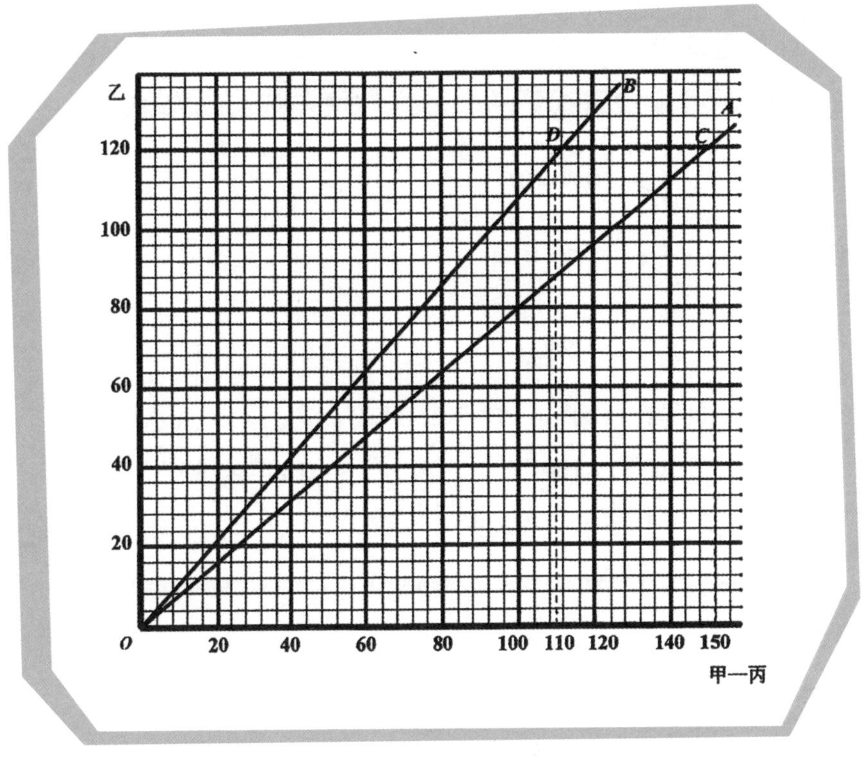

乙
120
100
80
60
40
20
O
20
40
60
80
100
110
120
140
150
甲—丙
A
B
C
D

图 3

150步
步
180步
15步
甲
丙

计算是这样：

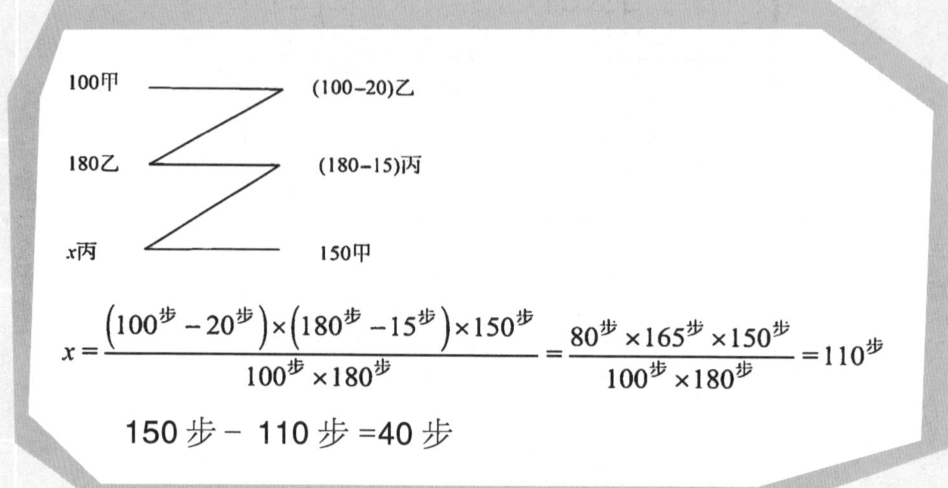

$$x=\frac{\left(100^{步}-20^{步}\right)\times\left(180^{步}-15^{步}\right)\times150^{步}}{100^{步}\times180^{步}}=\frac{80^{步}\times165^{步}\times150^{步}}{100^{步}\times180^{步}}=110^{步}$$

150 步 − 110 步 =40 步

•例四

甲、乙、丙三人速度的比，甲和乙是3 ∶ 4，乙和丙是5 ∶ 6。丙 20 小时所走的距离，甲需走多长时间？

“这个题目，当然很容易，但需注意走一定距离所需的时间和速度是成反比例的。”马先生警告我们。

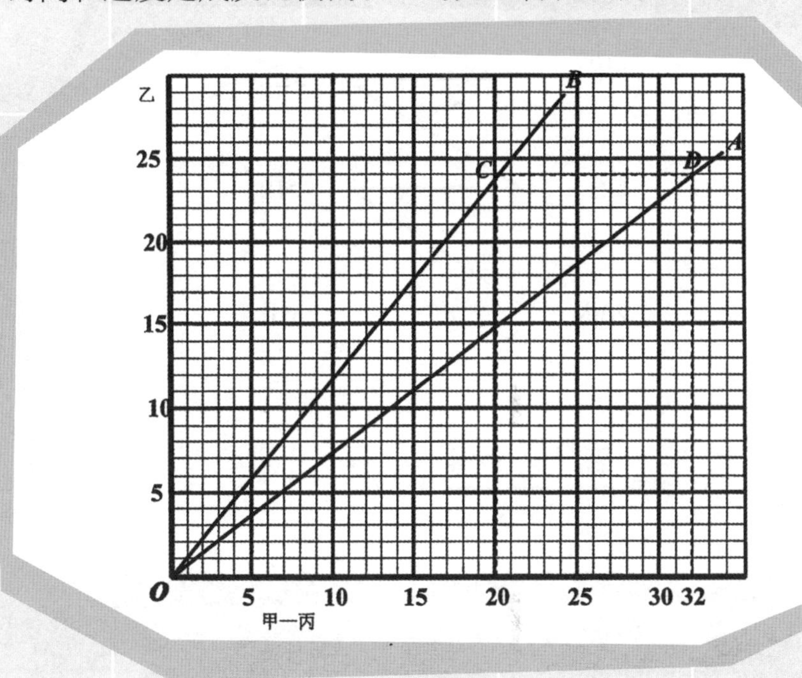

图 4

因为这个警告，我们便知道，甲和乙速度的比是 3 : 4，则它们走相同的距离，所需的时间的比是 4 : 3；同样地，乙和丙走相同的距离，所需的时间的比是 6 : 5。至于作图的方法和前一题相同。最后由横线上的 20，就用它表示时间，直上到 *OB* 线的 *C*，由 *C* 横过去到 *OA* 上的 *D*，由 *D* 直下到横线上 32。它告诉我们，甲需走 32 小时。

计算的方法是：

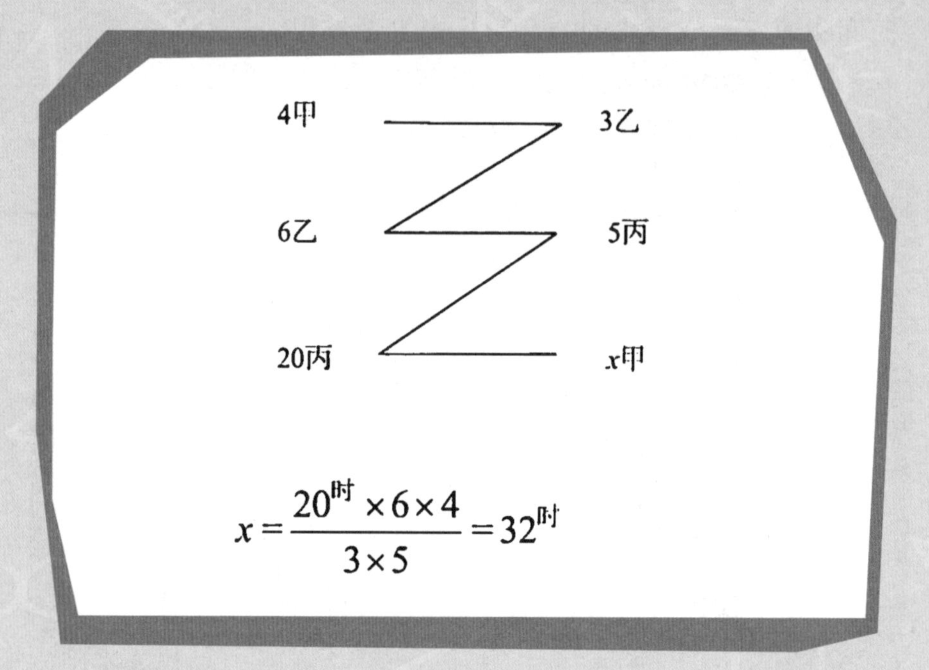

29 按比分配

•例一

大小两数的和为 20，小数除大数得 4，大小两数各是多少？

“马先生！这个题已经讲过了！”周学敏还不等马先生将题写完，就喊了起来。不错，第四节的例二，便是这道题。难道马先生忘了吗？不！我想他一定有别的用意，故意来这么一下。

“已经讲过的？——很好！你就照已经讲过的作出来看看。”马先生叫周学敏将图作在黑板上。

“好！图作得不错！”周学敏做完回到座位上的时候，马先生说，“现在你们看一下，*OD* 这条线是表示什么的？”

“表示倍数一定的关系，大数是小数的 4 倍。”周学敏今天不知为什么特别高兴，比平日还喜欢说话。“我说，它表示比一定的关系，对不对？”马先生问。

“自然对！大数是小数的 4 倍，也可说是大数和小数的比是 4 ∶ 1，或小数和大数的比是 1 ∶ 4。”王有道抢着回答。

“好！那么，这个题……”马先生说着在黑板上写：

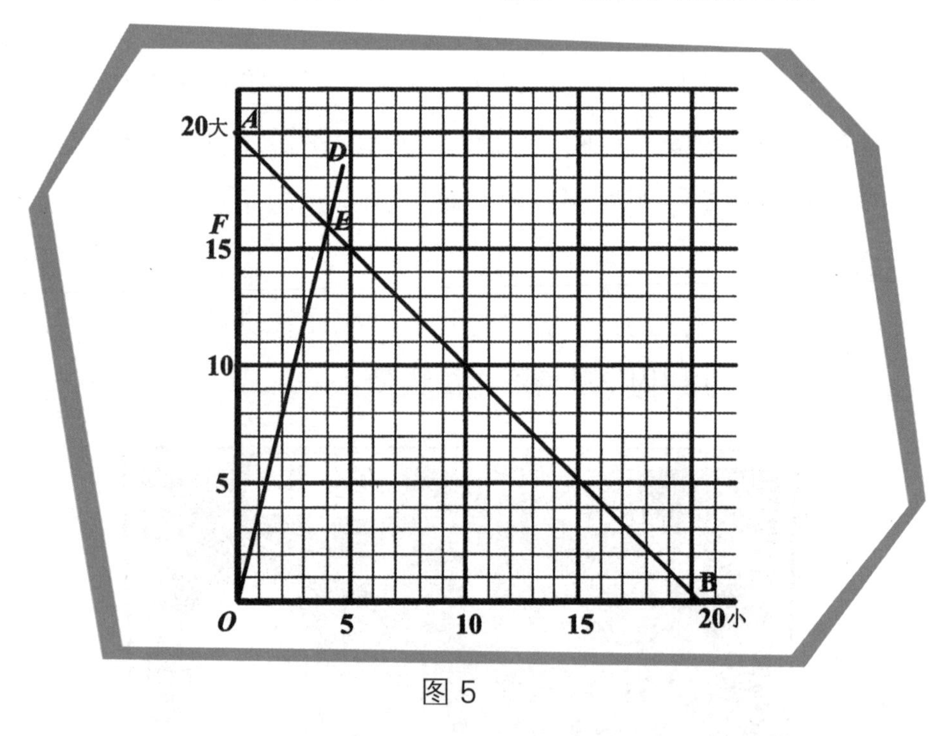

图 5

——依照 4 和 1 的比将 20 分成大小两个数，各是多少？

“这个题，在算术中，属于哪一部分？”

“配分比例。”周学敏又很快地回答。

“它和前一个题，在本质上是不是一样的？”

“一样的！”我说。

这一来，我们当然明白了，配分比例问题的作图法，和四则问题中的这种题的作图法，根本上是一样的。

•例二

4 尺长的线，依照 3 ∶ 5 的比，分成两段，各长多少？

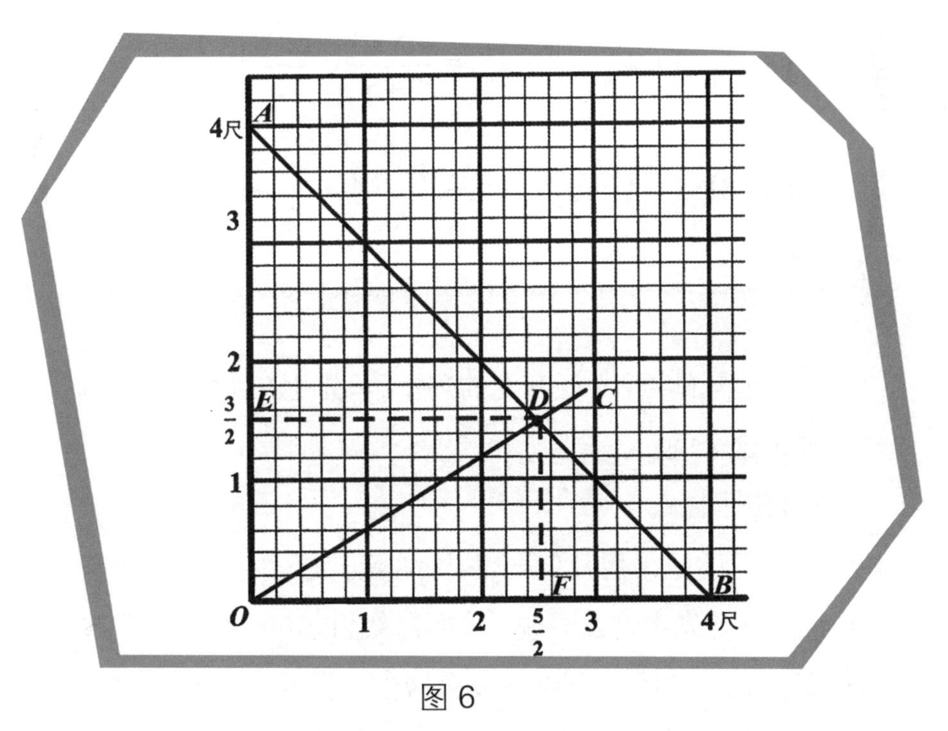

图 6

现在，在我们当中，这个题，我相信无论什么人都会做了。*AB* 表示和一定，4 尺的关系。*OC* 表示比一定，3 ∶ 5 的关系。*FD* 等于 *OE*，等于 1 尺半；*ED* 等于 *OF*，等于 2 尺半。它们的和是 4 尺，比正好是：

$$1\frac{1}{2}:2\frac{1}{2}=\frac{3}{2}:\frac{5}{2}=3:5$$

算术上的计算法，比起作图法来，实在要复杂些：

$$(3+5):3=4^{尺}:x_1^{尺}，\ x_1^{尺}=\frac{4^{尺}\times3}{3+5}=\frac{12^{尺}}{8}=1\frac{1}{2}^{尺}；$$

$$(3+5):5=4^{尺}:x_2^{尺}，\ x_2^{尺}=\frac{4^{尺}\times5}{8}=\frac{5^{尺}}{2}=2\frac{1}{2}^{尺}。$$

“这道题的画法，还有别的吗？”马先生在大家做完以后，忽然提出这个问题。

没有人回答。

“你们还记得用几何画法中的等分线段的方法，来作除法吗？”听马先生这么一说，我们自然想起第二节所说的了。他接着又说：“比是可以看成分数的，这我们早就讲过。分数可看成若干小单位集合成的，不是也讲过吗？把已讲过的三项合起来，我们就可得出本题的另一种做法了。

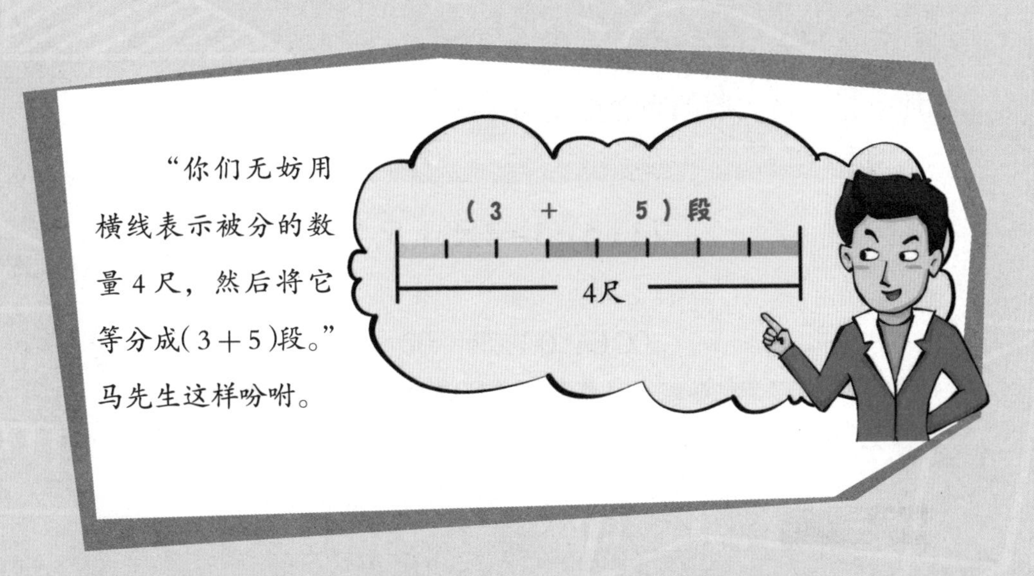

但我们照第二节所说的方法，过 O 任意画一条线，马先生却说：“这真是食而不化，依样画葫芦，未免小题大做。”他指示我们把纵线当要画的线，更是省事。

真的，我先在纵线上取 OC 等于 3，再取 CA 等于 5。连结 AB，过 C 作 CD 和它平行，这实在简捷得多。OD 正好等于 1 尺半，DB 正好等于 2 尺半。结果不但和图图 7 相同，

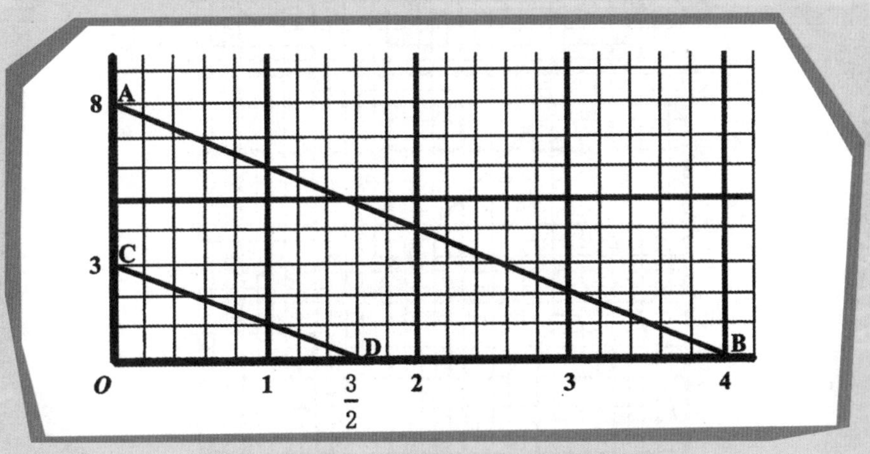

图 7

而且把算式比照起来看更要简单些，即如：

$$(3+5):3=4\text{尺}:x_1\text{尺}$$

⋮ ⋮ ⋮ ⋮ ⋮

OC CA OC OB OD

•例三

把 96 分成三份：第一份是第二份的 4 倍，第二份是第三份的 3 倍，各是多少？

这题不过比前一题复杂一点儿，照前题的方法做应当是不难的。但作图 8 时，我却感到了困难。表示和一定的线 AB

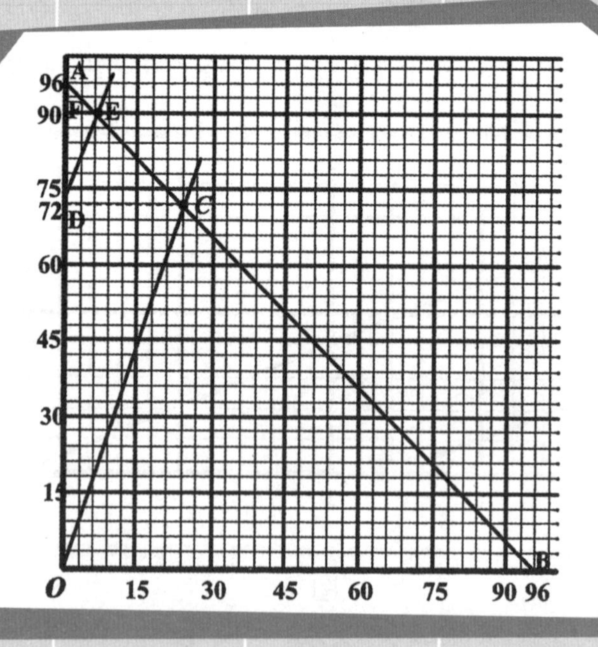

图 8

当然毫无疑义可以作，但表示比一定的线呢？我们所作过的，都是表示单比的，现在是连比呀！连比！连比！本题，第一、二、三各份的连比，由4 ∶ 1和3 ∶ 1，得12 ∶ 3 ∶ 1，这怎么画线表示呢？

马先生见我们无从下手，充满疑惑，突然笑了起来，问道："你们读过《三国演义》吗？它的头一句是什么？"

"话说，天下大势，分久必合，合久必分……"一个被我们称为小说家的同学说。

"运用之妙，存乎一心。现在就用得到一分一合了。先把第二、三两份合起来，第一份与它的比是什么？"

"12 ∶ 4，等于3 ∶ 1。"周学敏答道。

依照这个比，我画OC线，得出第一份OD是72。以后呢？又没办法了。

"刚才是分而合，现在就当由合而分了。DA所表示的是什么？"马先生问。

自然是第二、三份的和。为什么一下子就迷惑了呢？为什么不会想到把A、E、C当成独立的看，作3 ∶ 1来分AC呢？照这个比，作DE线，得出第二份DF和第三份FA，各是18和6。72是18的4倍，18是6的3倍，岂不是正合题吗？

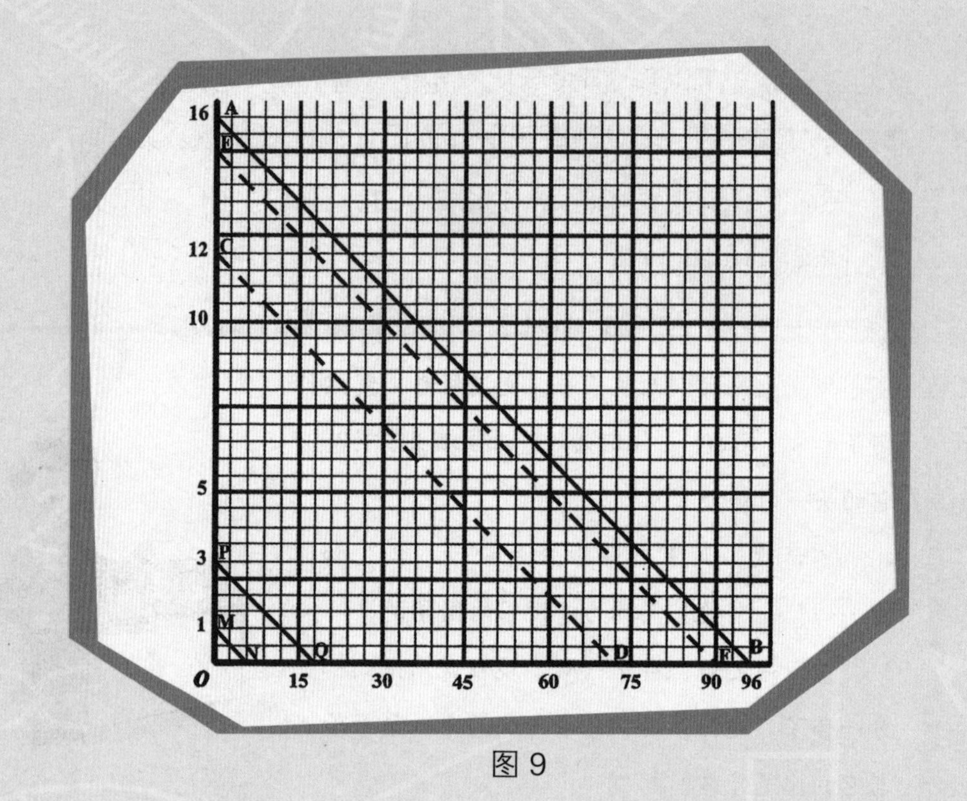

图 9

本题的算法，很简单，我不写了。但用第二种方法作图（图 9），更简明些，所以我把它作了出来。不过我先作的图和图 8 的形式是一样的：*OD* 表示第一份，*DF* 表示第二份，*FB* 表示第三份。后来王有道与我讨论了一番，依 1 ∶ 3 ∶ 12 的比，作 *MN* 和 *PQ* 同 *CD* 平行，用 *ON* 和 *OQ* 分别表示第三份和第二份，它们的数目，一眼望去就明了了。

•例四

甲、乙、丙三人合买一块地，各人应有地的比是 $1\frac{1}{2}:2\frac{1}{2}:4$。后来甲买进丙所有的 $\frac{1}{3}$，而卖 1 亩给乙，甲和丙所有的地就相等了。求各人原有地多少？

虽然这个题的弯子绕得比较多，但马先生说，对付繁杂的题目，最要紧的是化整为零，把它分成几步去做。马先生叫王有道做这个分析工作。

王有道说：“第一步，把三个人原有地的连比，化得简单些，就是：$1\frac{1}{2}:2\frac{1}{2}:4=\frac{3}{2}:\frac{5}{2}:4=3:5:8$。”

接着他说：“第二步，要求出地的总数，这就要替他们清一清账了。对于总数说，因为 3 + 5 + 8=16，所以甲占 $\frac{3}{16}$，乙占 $\frac{5}{16}$，丙占 $\frac{8}{16}$。

“丙卖去他的 $\frac{1}{3}$，就是卖去总数的 $\frac{3}{16}\times\frac{1}{3}=\frac{8}{48}$，

“他剩下的 $\frac{2}{3}$ 是自己的，等于总数的 $\frac{8}{16}\times\frac{2}{3}=\frac{16}{48}$。

“甲原有总数的 $\frac{3}{16}$，再买进丙卖出的总数的 $\frac{8}{48}$，就是总数的 $\frac{3}{16}+\frac{8}{48}=\frac{9}{48}+\frac{8}{48}=\frac{17}{48}$。

“甲卖去 1 亩便和丙的相等，这就等于说，甲若不卖这 1 亩的时候，比丙多 1 亩。

“好，这一来我们就知道，总数的 $\frac{17}{48}$ 比它的 $\frac{16}{48}$ 多 1 亩。

所以总数是：

$$1^{\text{亩}} \div \left(\frac{17}{48}-\frac{16}{48}\right)=1^{\text{亩}} \div \frac{1}{48}=48^{\text{亩}}\text{。”}$$

这以后，就算王有道不说，我也知道了：

$$16:5=48^{\text{亩}}:x_2^{\text{亩}}$$

（左边 16 之上为 3、之下为 8；右边 $x_2^{\text{亩}}$ 之上为 $x_1^{\text{亩}}$、之下为 $x_3^{\text{亩}}$）

$$x_1\text{亩}=\frac{48^{\text{亩}}\times 3}{16}=9^{\text{亩}}(\text{甲})$$

$$x_2\text{亩}=\frac{48^{\text{亩}}\times 5}{16}=15^{\text{亩}}(\text{乙})$$

$$x_3\text{亩}=\frac{48^{\text{亩}}\times 8}{16}=24^{\text{亩}}(\text{丙})$$

虽然结果已经算了出来，马先生还叫我们用作图法来做一次。

我对于作图，决定用前面王有道同我讨论所得的形式。

横线表示地亩。

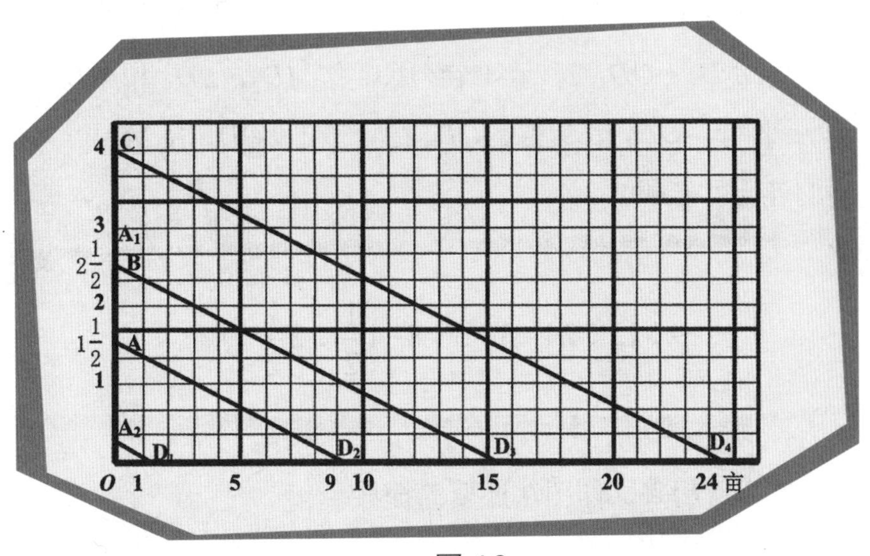

图 10

纵线：OA 表示甲的，$1\frac{1}{2}$。OB 表示乙的，$2\frac{1}{2}$。OC 表示丙的，4。在 OA 上加 OC 的 $\frac{1}{3}$（4 小段）得 OA_1。从 A_1O 减去 OC 的 $\frac{2}{3}$（8 小段）得 OA_2，这就是后来甲卖给乙的。

连 A_2D_1（OD_1 表示 1 亩），作 AD_2，BD_3 和 CD_4 与 A_2D_1 平行。OD_2 指 9 亩，OD_3 指 15 亩，OD_4 指 24 亩，它们的连比，正是：

$$9:15:24=3:5:8=1\frac{1}{2}:2\frac{1}{2}:4$$

这样看起来，作图法还要简捷些。

•例五

甲工作 6 日，乙工作 7 日，丙工作 8 日，丁工作 9 日，其工价相等。现在甲工作 3 日，乙工作 5 日，丙工作 12 日，丁工作 7 日，共得工资 24 元 6 角 4 分，求每个人应得多少？

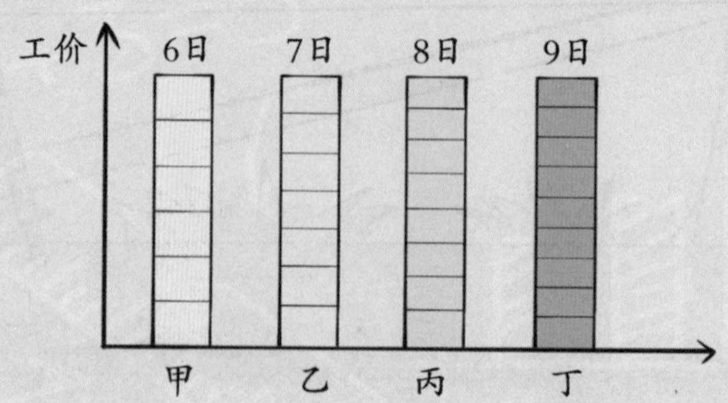

自然，这个题，只要先找出四个人各应得工资的连比就容易了。

我想，这是说得过去的，假设他们相等的工价都是1，则他们各人一天所得的工价，便是$\frac{1}{6}$、$\frac{1}{7}$、$\frac{1}{8}$、$\frac{1}{9}$。而他们应得的工价的比，是：

$$甲:乙:丙:丁=\frac{3}{6}:\frac{5}{7}:\frac{12}{8}:\frac{7}{9}=63:90:189:98。$$

$$63+90+189+98=440$$

$$24.64^{元}\times\frac{1}{440}=0.056^{元}$$

0.056元 ×63=3.528元（甲的）

0.056元 ×90=5.04元（乙的）

0.056元 ×189=10.584元（丙的）

0.056元 ×98=5.488元（丁的）

本题若用作图法解，理论上当然毫无困难，但事实上要表示出三位小数来，是难能可贵的啊！

30 结束的一课

暑假已快完结，马先生的讲述，这已是第三十次。全部算术中的重要题目，可以说，十分之九都提到了。还有许多要点，是一般的教科书上不曾讲到的。这个暑假，我过得算最有意义了。

今天，马先生来结束全部的讲授。他提出混合比例的问题，照一般算术教科书上的说法，将混合比例的问题分成四类，马先生就按照这种顺序讲。

第一，求平均价。

•例一

上等酒二斤，每斤三角五分；中等酒三斤，每斤三角；下等酒五斤，每斤二角。三种相混，每斤值多少钱？

这又是已经讲过的——第十三节——老题目，但周学敏这次不开腔了，他大概和我一样，正期待着马先生的花样翻新吧。

“这个题目，第十三节已讲过，你们还记得吗？”马先生问。

“记得！”好几个人回答。

“现在，我们已有了比例的概念和它的表示法，无妨变一个花样。”果然马先生要调换一种方法了，“你们用纵线表示价钱，横线表示斤数，先画出正好表示上等酒二斤一共的价钱的线段。”

当然，这是非常容易的，我们画了 OA 线段。

“再从 A 起画表示中等酒三斤一共的价钱的线段。”我们又作 AB。

“又从 B 起画表示下等酒五斤一共的价钱的线段。”这就是 BC。

“连接 OC。”我们照办了。

马先生问：“由 OC 看来，三种酒一共值多少钱？”“二元六角。”我说。

“一共几斤？”

“十斤。”周学敏说。

“怎样找出一斤的价钱呢？”

“由指示一斤的 D 点。”王有道说，“画纵线和 OC 交于 E，由 E 横看得 F，它指出 2 角 6 分来。”

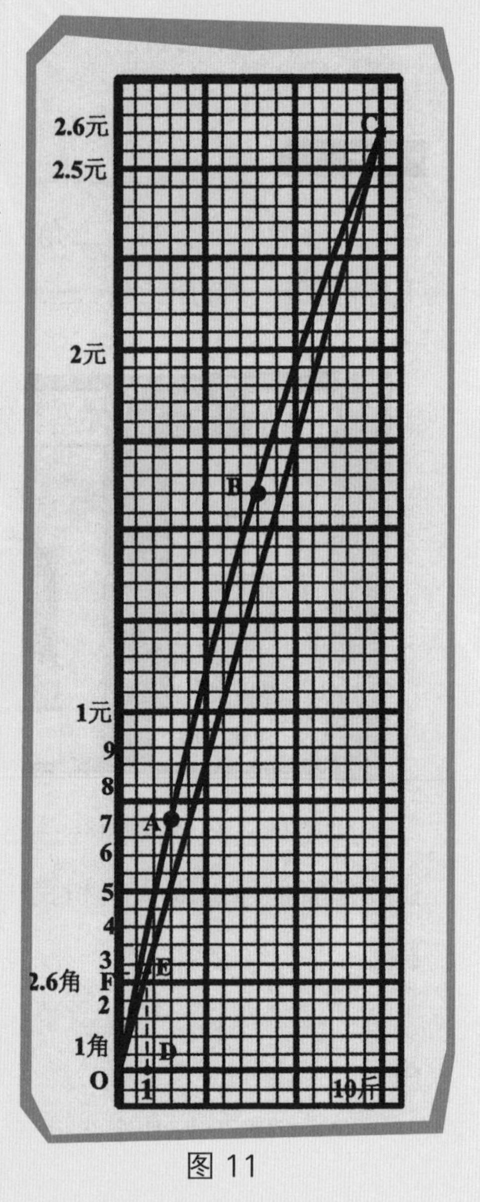

图 11

“对的！这种作法并不比第十三节所用的简单，不过对于以后的题目来说，却比较适用。”马先生这样做一个小小的结束。

第二，求混合比。

•例二

上茶每斤价值 1 元 2 角，下茶每斤价值 8 角。现在要混成每斤价值 9 角 5 分的茶，应依照怎样的比配合？

依了前面马先生所给的暗示，我先作好表示每斤 1 元 2 角、每斤 8 角和每斤 9 角 5 分的三条线 *OA*、*OB* 和 *OC*。再将它和图 12 比较一下，我就想到将 *OB* 搬到 *OC* 的上面去，便是由 *C* 作 *CD* 平行于 *OB*。它和 *OA* 交于 *D*，由 *D* 往下到横线上得 *E*。

上茶：下茶 =*OE* ：*EF*=9 ：15=3 ：5。

上茶 3 斤价值 3 元 6 角，下茶 5 斤价值 4 元，

一共 8 斤价值 7 元 6 角，每斤正好价值 9 角 5 分。

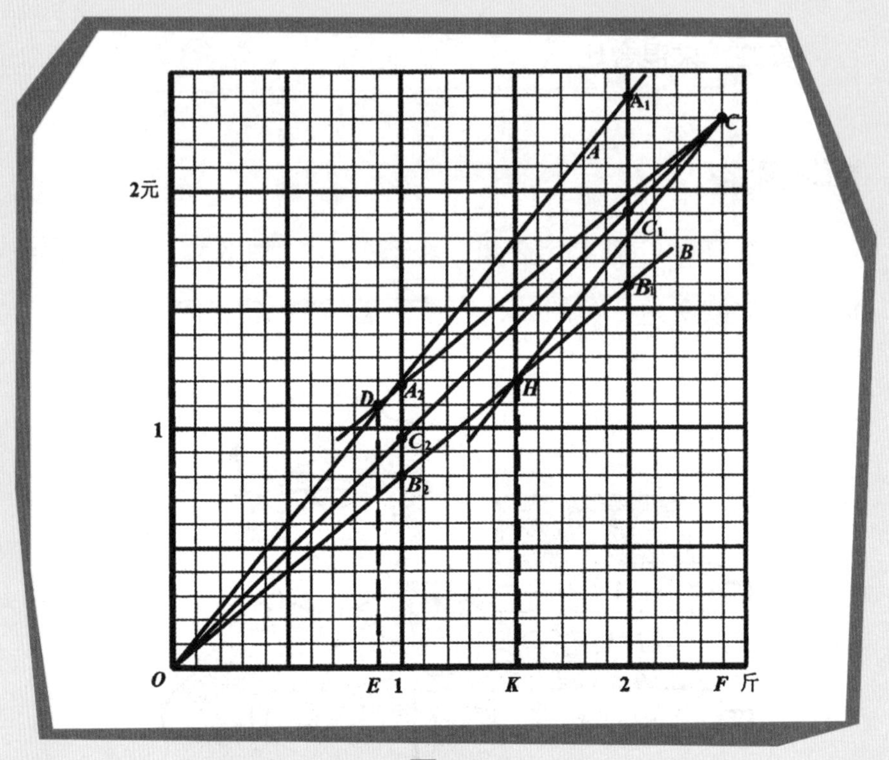

图 12

自然，将 OA 搬到 OC 的下面，也是一样的。即过 C 作 CH 平行于 OA，它和 OB 交于 H。由 H 往下到横线上，得 K。

下茶：上茶 $=OK : KF=15 : 9=5 : 3$。

结果完全一样，不过顺序不同罢了。

其实这个比由 A_1、C_1、B_1 和 A_2、C_2、B_2 的关系就可看出来的：

$$A_1C_1 : C_1B_1 = 5 : 3$$

$$A_2C_2 : C_2B_2 = 2\frac{1}{2} : 1\frac{1}{2} = \frac{5}{2} : \frac{3}{2} = 5 : 3$$

把这种情形和算术上的计算法比较，更是有趣。

	原价	损益	混合比	
平均价 0.95 元（OC）	上 1.20 元（OA）	− 0.25 元（A_2C_2）	15（EF）	5（A_1C_1 或 A_2C_2）
	下 0.80 元（OB）	+ 0.15 元（B_2C_2）	9（OE）	3（C_1B_1 或 C_2B_2）

•例三

有四种酒，每斤的价为：*A*，5 角；*B*，7 角；*C*，1 元 2 角；*D*，1 元 4 角。怎样混合，可成每斤价 9 角的酒？

作图是容易的，依每斤的价钱，画 OA、OB、OC、OD 和 OE 五条线。再过 E 作 OA 的平行线，和 OC、OD 交于 F、G。又过 E 作 OB 的平行线，和 OC、OD 交于 H、I。由 F、G、H、I 各点，相应地便可得出 A 和 C、A 和 D、B 和 C，同着 B 和 D 的混合比来。配合这些比，就可得出所求的数。因为配合的方法不同，形式也就各别了。

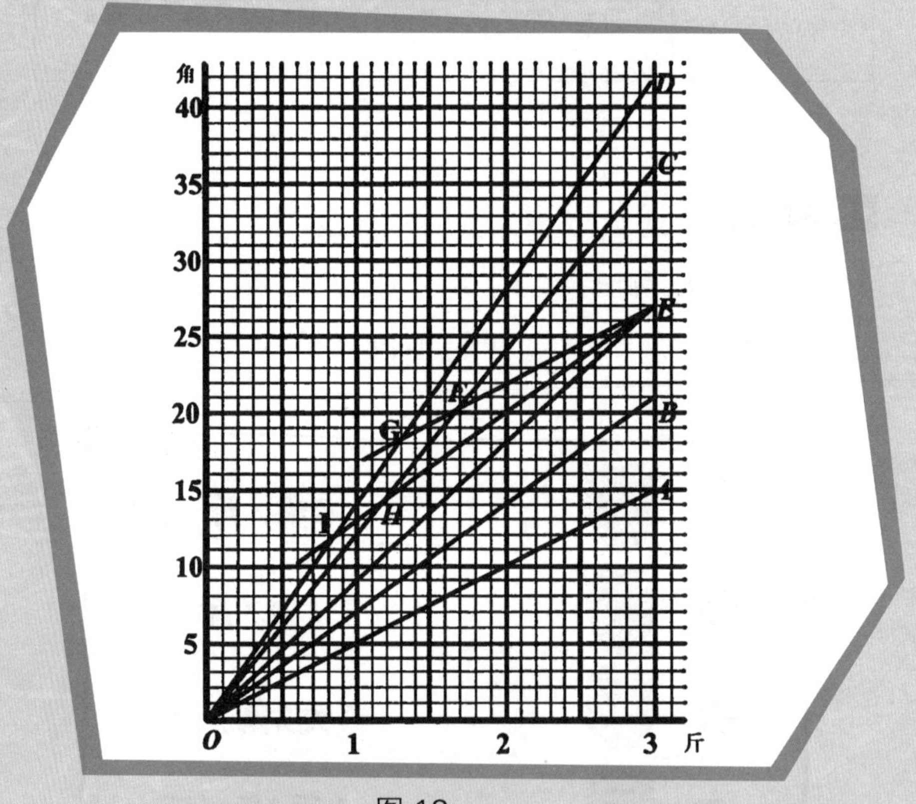

图 13

马先生说，本题由 F、G、H、I 各点去找 A 和 C、A 和 D、B 和 C，同着 B 和 D 的比，反不如就 AE、BE、CE、DE 看来得简明。依照这个看法：

$AE=12$，$BE=6$，

$CE=9$，$DE=15$。

因为只用到它们的比，所以可变成：

$AE=4$，$BE=2$，

$CE=3$，$DE=5$。

再注意把它们的损益相消，就可以配合成了。

配合的方式，本题可有七种。马先生叫我们共同考察，将算术上的算法，和图对照起来看，这实在是又切实又有趣的工作。本来，我们照呆法子计算的时候，方法虽懂得，结果虽不差，但心里面总是模糊的。现在，经过这一番探讨，才算一点儿不含糊地明了了。

配合的方式，可归结成三种，就依照这样，分别写在下面：

（一）损益各取一个相配的，在图上，就是 OE 线的上（损）和下（益）各取一个相配。

（1）A 和 D、B 和 C 配。

	原价	损益	混合比
平均价 9 角（OE）	A 5 角（OA）	+ 4 角（AE 下）	5（DE）
	B 7 角（OB）	+ 2 角（BE 下）	3（CE）
	C 12 角（OC）	− 3 角（CE 上）	2（BE）
	D 14 角（OD）	− 5 角（DE 上）	4（AE）

	原价	损益	混合比
平均价 9 角（OE）	A 5 角（OA）	+ 4 角（AE 下）	3（CE）
	B 7 角（OB）	+ 2 角（BE 下）	3（DE）
	C 12 角（OC）	− 3 角（CE 上）	4（AE）
	D 14 角（OD）	− 5 角（DE 上）	2（BE）

（2）*A* 和 *C*、*B* 和 *D* 配。

（二）取损或益中的一个和益或损中的两个分别相配，其他一个损或益和一个益或损相配：

	原 价	损 益	混 合 比			
平均价 9 角	A 5 角	+ 4 角	5（DE）		3（CE）	8
	B 7 角	+ 2 角		5（DE）		5
	C 12 角	− 3 角			4（AE）	4
	D 14 角	− 5 角	4（AE）	2（BE）		6

（3）*D* 和 *A*、*B* 各相配，*C* 和 *A* 配。

	原 价	损 益	混 合 比			
平均价 9 角	A 5 角	+ 4 角	5（DE）			5
	B 7 角	+ 2 角		5（DE）	3（CE）	8
	C 12 角	− 3 角			2（BE）	2
	D 14 角	− 5 角	4（AE）	2（BE）		6

（4）*D* 和 *A*、*B* 各相配，*C* 和 *B* 相配。

	原 价	损 益	混 合 比			
平均价 9 角	A 5 角	+ 4 角	3（CE）		5（DE）	8
	B 7 角	+ 2 角		3（CE）		3
	C 12 角	− 3 角	4（AE）	2（BE）		6
	D 14 角	− 5 角			4（AE）	4

（5）*C* 和 *A*、*B* 各相配，*D* 和 *A* 相配。

	原 价	损 益	混合比			
平均价 9 角	A 5 角	＋4 角	3（CE）			3
	B 7 角	＋2 角		3（CE）	5（DE）	8
	C 12 角	－3 角	4（AE）	2（BE）		6
	D 14 角	－5 角			2（BE）	2

（6）*C* 和 *A*、*B* 相配。*D* 和 *B* 相配。

（三）取损或益中的每一个。都和益或损中的两个相配：

	原 价	损 益	混合比					
平均价 9 角	A 5 角	＋4 角	5（DE）		3（CE）		8	4
	B 7 角	＋2 角		5（DE）		3（CE）	8	4
	C 12 角	－3 角			4（AE）	2（BE）	6	3
	D 14 角	－5 角	4（AE）	2（BE）			6	3

（7）*D* 和 *C* 各都同 *A* 和 *B* 相配。

第三，求混合量——知道了全量。

•例四：

鸡、兔同一笼，共十九个头，五十二只脚，求各有几只？

这原是马先生说过——第十节——在混合比例中还要讲的。到了现在，平心而论，我已掌握它的算法了：先求混合比，

再依按比分配的方法，把总数分开就行。

且先画图吧。用纵线表示脚数，横线表示头数，*A* 就指出十九个头同五十二只脚。

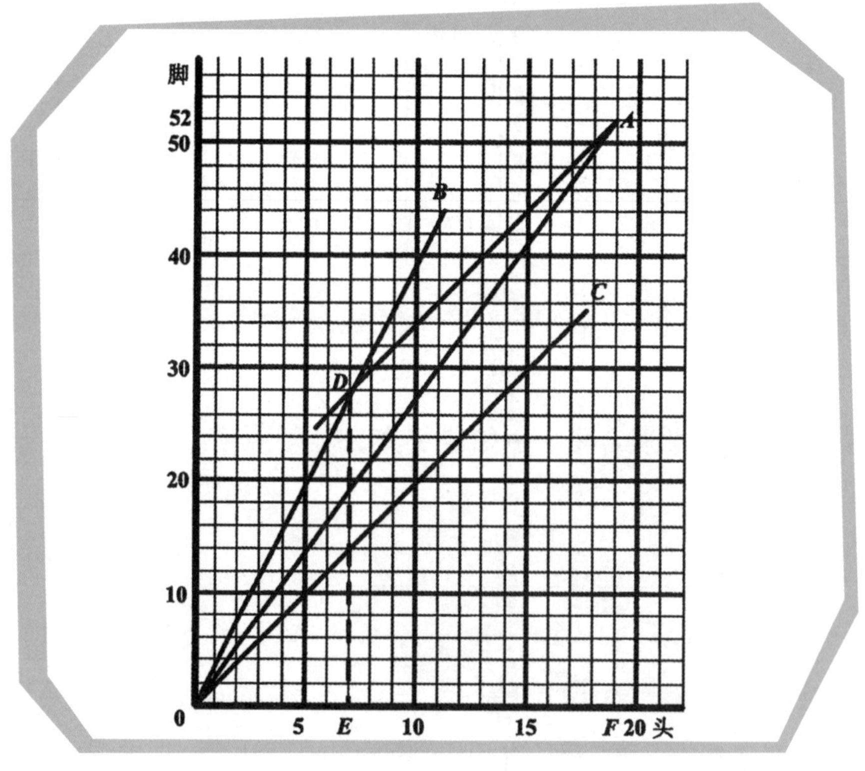

图 14

连 OA 表示平均的脚数，作 OB 和 OC 表示兔和鸡的数目。又过 A 作 AD 平行于 OC，和 OB 交于 D。

由 D 往下看到横线上，得 E。OE 指示 7，是兔的只数；EF 指出 12，是鸡的只数。

计算的方法，虽然很简单，却不如作图法的简明：

	每只脚数	相差	混合比		
平均脚数 $\frac{52}{19}$（OA）	鸡 2（OC）	少 $\frac{14}{19}$（下）	$\frac{24}{19}$	24	12
	兔 4（OB）	多 $\frac{24}{19}$（上）	$\frac{14}{19}$	14	7

在这里，因为混合比的两项 12 同 7 的和正是 19，所以用不着再计算一次按比分配了。

第四，求混合量——知道了一部分的量。

• 例五

每斤价 8 角、6 角、5 角的三种酒，混合成每斤价 7 角的酒。所用每斤价 8 角和 6 角的斤数的比为 3 ∶ 1，怎样配合法？

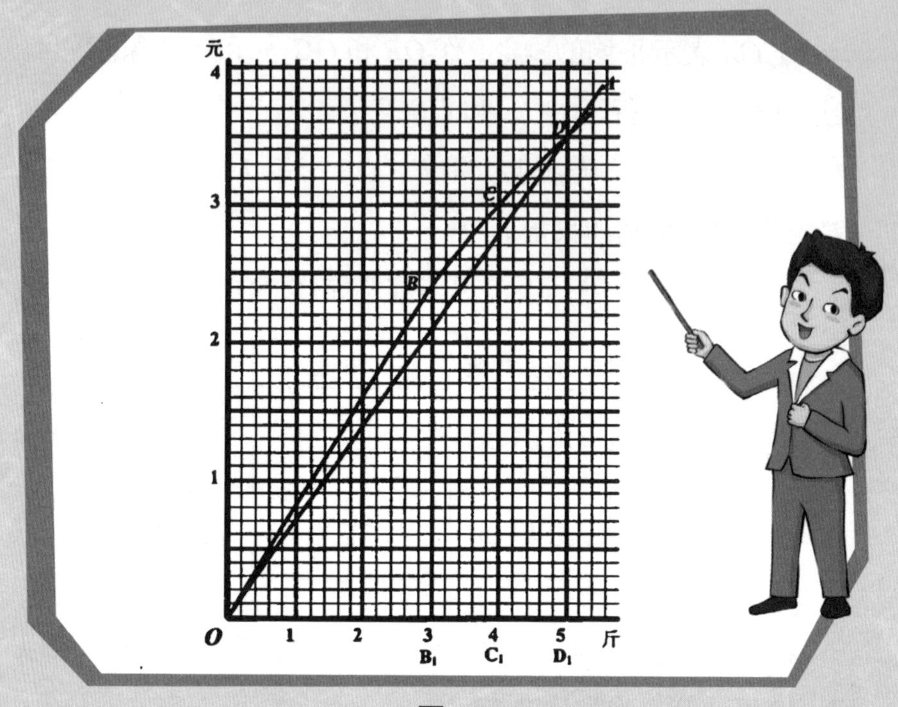

图 15

这很简单。先作 *OA* 表示每斤 7 角。次作 *OB* 表示每斤 8 角，*B* 正在纵线 3 上。从 *B* 作 *BC*，表示每斤 6 角。*C* 正在纵线 4 上——这样一来，两种斤数的比便是 3 ∶ 1——从 *C* 再作 *CD* 表示每斤 5 角。*CD* 和 *OA* 交在纵线 5 上的 *D*。所以，三种的比是：

$$OB_1 : B_1C_1 : C_1D_1 = 3 : 1 : 1。$$

试把计算法和它对照：

	原 价	损 益	混合比		
平均价 7 角（OA）	8 角（OB）	− 1 角	2	1	3（OB_1）
	6 角（BC）	+ 1 角		1	1（B_1C_1）
	5 角（CD）	+ 2 角	1		1（C_1D_1）

•例六

每斤价 5 角、4 角、3 角的酒，混合成每斤价 4 角 5 分的，5 角的用 11 斤，4 角的用 5 斤，3 角的要用多少斤？

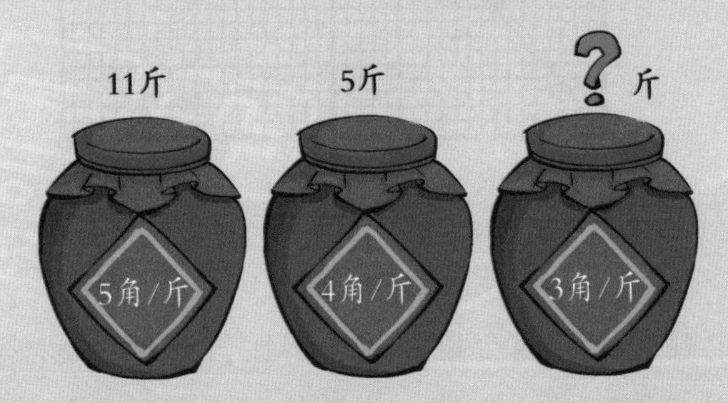

本题的作图法，和前一题的，除所表的数目外，完全相同。由图上一望可知，OB_1 是 11 斤，B_1C_1 是 5 斤，C_1D_1 是 2 斤。和计算法比较，算起来还是麻烦些。

	原 价	损益	混	合	比		混合量	
平均价 4.5 角（OA）	5 角（OB）	− 0.5 角	1.5	0.5	3 1	3 5	6 斤 5 斤	11 斤
	4 角（BC）	+ 0.5 角		0.5	1	5	5 斤	5 斤
	3 角（CD）	+ 1.5 角	0.5		1	1	2 斤	2 斤

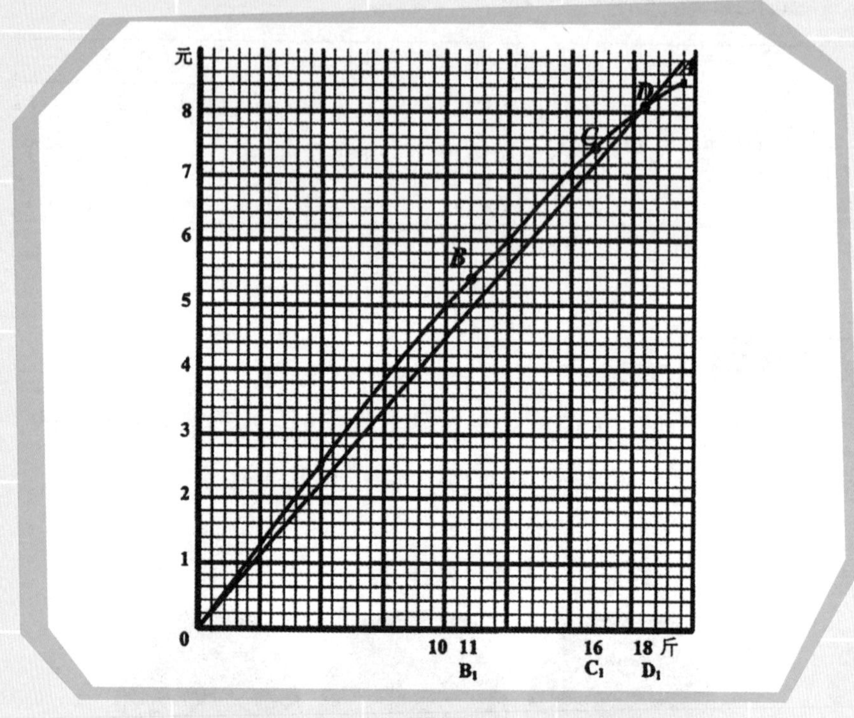

图 16

由混合比得混合量，这一步比较麻烦，远不如画图法来得直接、痛快。先要依题目上所给的数量来观察，4 角的酒是 5 斤，就用 5 去乘第二个比的两项。5 角的酒是 11 斤，但有 5 斤已确定了，11 减去 5 剩 6，它是第一个比第一项的 2 倍，所以用 2 去乘第一个比的两项。这就得混合量中的第一栏。结果，三种酒依次是 11 斤、5 斤、2 斤。

•例七

将三种酒混合，其中两种的总价是 9 元，合占 1 斗 5 升。第三种酒每升价 3 角，混成的酒每升价 4 角 5 分，求第三种酒的升数。

"这是弄点儿小聪明的题目，两种酒既然有了总价 9 元和总量 1 斗 5 升，这就等于一种了。"马先生说。

明白了这一点，还有什么难呢？

作 OA 表示每升价 4 角 5 分的。OB 表示 1 斗 5 升价 9 元的。从 B 作 BC，表示每升价 3 角的。它和 OA 交于 C。图上，OB_1 指 1 斗 5 升，OC_1 指 3 斗。OC_1 减去 OB_1 剩 B_1C，指 1 斗 5 升，这就是所求的。

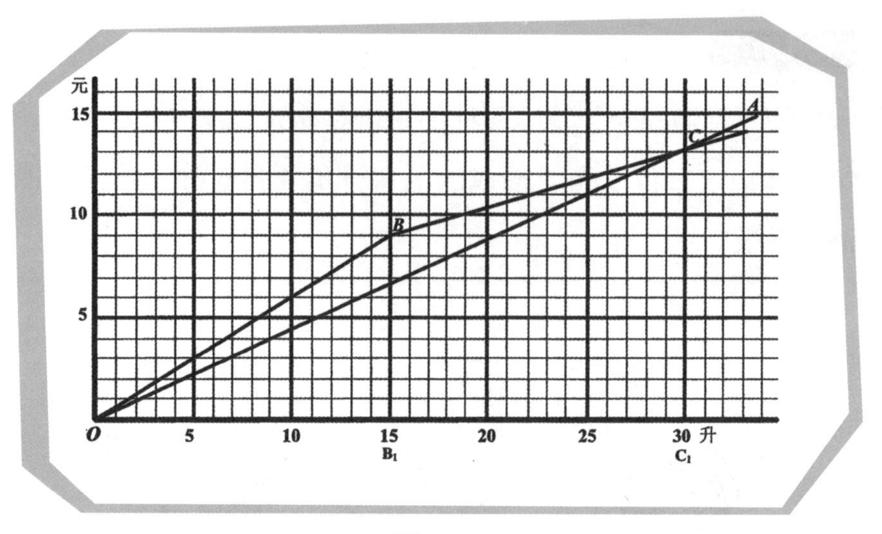

图 17

照这作法来计算，便是：

	原价	损益	混合比
平均价 4.5 角（OA）	$\frac{90}{15}$ 角（OB）	− 1.5 角	15（OB_1）
	3 角（BC）	+ 1.5 角	15（B_1C_1）

这题算完以后，马先生在讲台上，对着我们静静地站了两分钟："李大成，你近来对算学的兴趣怎样？""觉得很

浓厚。”我不由自主地很恭敬地回答。

“这就好了，你可以相信，算学也是人人能领受的了。暑假已快完了，你们也应当把各种功课都整理一下。我们的谈话，就到这一次为止。我希望你们不要偏爱算学，也不要怕它。无论对于什么功课，都不要怕！你们不怕它，它就怕你们。对于做一个现代人不可缺少的常识，以及初中各科所教的，别人能学，自己也就能学，用不着客气。勇敢和决心，是打破一切困难的武器。求知识，要紧！精神的修养，更要紧！”

马先生的话停住了，静静地听他讲话的我们都睁着一双贪得无厌的馋眼望着他。

第二部分

数学园地

第一步

我们来开始讲正文吧，先从一个极平常的例说起。

假如，我和你两个人同乘一列火车去旅行，在车里非常寂寞，不凑巧我们既不是诗人，不能从那些经过车窗往后飞奔的田野、树木汲取什么“烟士披里纯”（出自徐志摩的一首诗《草上的露珠儿》。是英语 inspiration 的音译，也就是灵感的意思。）；我们又不是画家，能够在刹那间感受到自然界色相的美。

我们只有枯坐了，会觉得那车子走得很慢，真到不耐烦的时候，也许竟会感到比我们自己步行还慢。但这全是主观的，就是同样地以为它走得太慢，我们所感到的慢的程度也不一定相等。

我们只管诅咒车子跑得不快，车子一定不肯甘休，要我

们拿出证据来，这一下子有事做了，我们两个人就来测量它的速度。

你知道怎样测量火车的速度吗？

你立在车窗前数那铁路旁边的电线杆——假定它们每两根的距离是相等的，而且我们已经知道了时间——我看着我的表。当你看见第一根电线杆的时候，你立刻叫出“1”来，我就注意我表上的秒针在什么地方。

你数到一个数目要停止的时候，又将那数叫出，我再看我表上的秒针指什么地方。这样屈指一算，就可以得出这火车的速度。假如得出来的是每分钟走 1 公里，那么 60 分钟，就是 1 小时，这火车要走 60 公里，火车的速度就是每小时 60 公里。

无论怎样，我们都不好说它太慢了。同样地，若是我们知道：

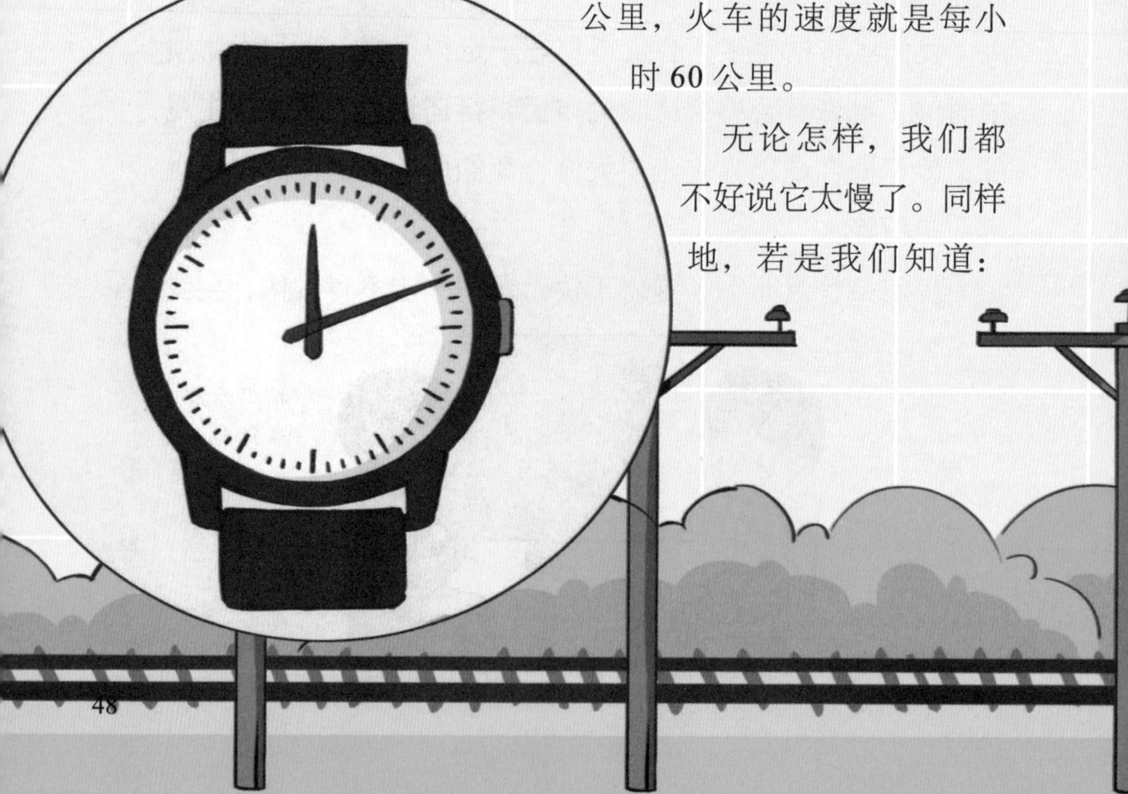

一个人 12 秒钟可以跑 100 米，一匹马 30 分钟能跑 15 公里，我们也可以将这个人每秒钟的或这匹马每小时的速度算出来。

这你觉得很容易，是不是？但你真要做得对，就是说，真要得出那火车或人的精确的速度来，实际却很难。

比如你另换一个方法，先只注意火车或人从地上的某一点跑到某一点要多长时间，然后用卷尺去量那两点的距离，再计算他们的速度，就多半不会恰好。

火车每小时走 60 公里，人每 12 秒钟可跑 100 米。也许火车走 60 公里只要 56 又 $\frac{3}{10}$ 分，人跑 100 米不过 11 又 $\frac{3}{5}$ 秒。

你只要有足够的耐心，尽可以去测几十次或一百次，你一定可以看出来，没有几次的得数是全然相同的。所以速度的测法，说起来简便，做起来那就不容易了。

你测了一百次，说不一定没有一次是对的。但这一点关系也没有，即使一百次中有一次是对的，你也没有法子知道究竟是哪一次。

归根结底，我们不得不稳妥地说，只能测到“相近”的数。

怎样让测量出来的数值更精确？

说到“相近”，也有程度的不同，用的器械——时表、尺子越精良，“相近”的程度就越高，反过来误差就越大。用极精密的电子表测量时间，误差可以小于百分之一秒。我们可以想象，假如将它弄得更精密些，可以使误差小于千分之一秒，或者还要小些。但无论怎样小，要使这误差没有，却很难做到！

同样地，我们对于一切运动的测量，也只能得相近的数。第一，自然是因为要测运动，总得测那种运动所经过的距离和花费的时间，而这距离和时间的测量就只能得到相近的数。还不只这样，运动本身也是变动的。

假定一列火车由一个速度变到另一个较大的速度，就是变得更快一些，它绝不能突然就由前一个跳到第二个。那么，在这两个速度当中，有多少不同的中间速度呢？这个数目，老实说，是无限的呀！而我们的测量方法，却只容许我们计算出一个有限的数来。我们计算的时候，时间的单位取得越小，所得的结果自然越和真实的速度相近。但无论用一秒钟做单位或十分之一秒钟做单位，在相邻的两秒钟或两个十分之一秒钟中，常常总是有无限的

中间速度。能够确切认知的速度原是抽象的！

这个抽象的速度只存在于我们的想象中。

这个抽象的速度，我们能够理会，却不能从经验中得到。在一些我们能测量得到的速度中，可以有无限的中间速度存在。既然我们已经知道所测得的速度不精确，为什么又要用它？这不是在欺骗自己吗？

为了安抚我们低落的情绪及填补这个缺陷，需要一个理论上的精确的数目和一个容许计算到无限制的相近数的理论。顺应这个需要，人们就发现了微积分。

哈哈！微积分的发现是一件很有趣味的事。

英国的牛顿（*Newton*）和德国的莱布尼茨差不多在同一时间发现了微积分。牛顿是从运动上研究出来的，而莱布尼茨却是从几何上出发的。这个原理的发现，真是功德无量，现在数学园地中的大部分建筑都用它当台柱，物理园地的飞黄腾达也全倚仗它。这个发现已有两百年了，它对于我们的科学思想着实有巨大的影响。就是说，假使微积分的原理还没有发现，现在所谓的文明，一定不是这样辉煌，这绝不是夸张的话！

02 速度

朋友，你留神过吗？当你舒舒服服地坐着，因为有什么事要走开的时候，你站起来后走的前几步一定比较慢，然后才渐渐地加快。将要到达你的目的地时，你又会慢起来的。自然这是一般的情形，赛跑就是例外。那些运动家在赛跑的时候，因为被奖品冲昏了头脑，就是已到了终点，还是玩命地跑。不过这时的终点，只是对“奖品到手”的一声叫喊。

他们真要停住，总得慢跑几步，不然就得要人来搀扶，不然就只好跌倒在地上。这种行动的原则，简直是自然界的法则，不只是你我知道，你去看狗跑、看鸟飞、看鱼游。

还是说火车吧！一列火车初离站台的时候，行驶得多么平稳、多么缓慢，后来它的速度却渐渐快了起来，在长而直的轨道上奔驰。快要到站的时候，它的速度又渐渐减小了，后来才停止在站台边。记好这个速度变化的情况，假使经过两个半小时，火车一共走了 125 公里。要问这火车的速度是什么，你怎样回答呢？

我们看见了每一瞬间都在变化的速度，那在某路线上的一列车的速度，我们能说出来吗？能全凭旅行人的迟钝的测量回答吗？

再举一个例，然后来讲明速度的意义。

等速运动

用一块平滑的木板，在上面挖一条光滑的长槽，槽边上刻好厘米、分米和米各种数目。把一个光滑的小球放在木槽的一端，让它自己向前滚出去，看着时表，注意这木球过 1 米、2 米、3 米的时间，假设正好是 1 秒、2 秒和 3 秒。

这木球的速度是什么呢?

在这种简单的情形中，这问题很容易回答：它的速度在 3 米的路上总是一样的，每秒钟 1 米。

在这种情形底下，我们说这速度是一个常数。而这种运动，我们称它是“等速运动”。

一个人骑自行车在一条直路上走，若是等速运动，那么它的速度就是常数。我们测得他 8 秒钟共走了 40 米，这样，他的速度便是每秒钟 5 米。

关于等速运动，如这里所举出的球的运动、自行车的运动，或其他相似的运动，要计算它们的速度，这比较容易。只要考察运动所经过的时间和通过的距离，用所得的时间去除所得的距离，就能够得出来。3 秒钟走 3 米，速度为每秒钟 1 米；8 秒钟走 40 米，速度为每秒钟 5 米。

再用我们的球来试速度不是常数的情形。

把球“掷”到槽上，也让它自己“就势”滚出去，我们可以看出，它越滚越慢，假设在 5 米的一端停止了，一共经过 10 秒钟。

这速度的变化是这样：前半段的速度比在半路的大，后半段的速度却渐渐减小，到了终点便等于零。

我们来推究一下，这样的速度，是不是和等速运动一样是一个常数？

我们说，它 10 秒钟走过 5 米，倘若它是等速运动，那么它的速度就是每秒钟 $\frac{5}{10}$ 或 $\frac{1}{2}$ 米。

但是，我们明明可以看出来，它不是等速运动，所以我们说每秒钟 $\frac{1}{2}$ 米是它的“平均速度”。

实际上，这球的速度先是比每秒钟 $\frac{1}{2}$ 米大，中间有一个时候和它相等，以后就比它小了。假如另外有个球，一直都用这个平均速度运动，它经过 10 秒钟，也是停止在 5 米的地方。

看过这种情形后，我们再来答复前面关于火车的速度的问题：“假使经过两个半小时，火车一共走了 125 公里，这火车的速度是什么？”

因为这火车不是等速运动，我们只能算出它的平均速度来。它两个半小时一共走了 125 公里，我们说，它的平均速度在那条路上是每小时 $\frac{125}{\frac{5}{2}}$ 公里，就是每小时 50 公里。

速度 = 路程 ÷ 时间
在国际单位制种，速度的基本单位是米每秒，符号是 m/s。

我们来想象，当火车从车站开动的时候，同时有一辆汽车也开动，而且就是沿了那火车的轨道走，不过它的速度总不变，一直是每小时 50 公里。起初汽车在火车的前面，后来被火车追上来，到最后，它们却同时到达停车的站上。这就是说，它们都是两个半小时一共走了 125 公里，所以每小时 50 公里是汽车的真速度，而是火车的平均速度。

通常，若知道了一种运动的平均速度和它所经过的时间，我们就能够计算出它所通过的路程。那两个半小时一共走了125公里的火车，它有一个每小时50公里的平均速度。倘若它夜间开始走，从我们的时表上看去，一共走了七个小时，我们就可计算出它大约走了350公里。

但是这个说法，实在太粗疏了！只是给了一个总集的测量，忽略了它沿路的运动情形。那么，还有什么方法可以更好地知道那火车的真速度呢？

倘若我们再有一次新的火车旅行，我们能够从铁路旁边立着的电线杆上看出公里的数目，又能够从时表上看到火车所行走的时间。每走1公里所要的时间，我们都记下来，一直记到125次，我们就可以得出125个平均速度。这些平均速度自然全不相同，我们可以说，现在对于那火车的运动的认识是很详细了。由那些渐渐加大又渐渐减小的125个不同

的速度，在这一段行程中，火车的速度的变化的观念，我们大体是有了。

但是，这就够了吗？火车在每一公里中间，它是不是等速运动呢？倘若我们能够回答一个“是”字，那自然上面所得的结果就够了。可惜这个“是”字不好轻易就回答！我们既已知道火车全程不是等速运动，同时却又说，它在每一公里中是等速运动，这种运动的情形实在很难想象得出来。两个速度不相等的等速运动，是没法直接相连接的。所以我们不能不承认火车在每一公里内的速度也有不少的变化。这个变化，我们有没有方法去考察出来呢？

怎样计算平均速度？

方法自然是有的，照前面的式样，比如说，将一公里分成一千段，假如我们又能够测出火车每走一小段的时间，那么我们就可得出它在一公里的行程中的一千个不同的平均速度。这很好，对于火车的速度的变化，我们所得到的观念更清晰了。倘若能够将测量弄得更精密些，再将每一小段又分成若干个小小段，得出它们的平均速度来。段数分得越多，我们得出来的不同的平均速度也就跟着多起来。我们对于那火车的速度的变化的观念，也更加明了。路程的段落越分越小，时间的间隔也就越来越近，所得的结果也就越弄越精密。然而，无论怎样，所得出来的总是平均速度。而且，我们还是不要太高兴了，这种分段求平均速度的方法，若只空口说白话，我们固然无妨乐观一点，可尽量地连续想下去。至于实际要动起手来，那就有个限度了。

若想求物体转动或落下的速度，即如行星运转的速度，我们必须取出些距离——若那速度不是一个常数，就尽可能地取最小的——而注意它在各距离中经过的时间，因此得到一些平均速度。这一点必须注意，所得到的只是一些平均速度。

归根结底一句话，我们所有的科学实验，或日常经验，都由一种连续而有规律的形式给我们一个有变化的运动的观念。我们不能够明明白白地辨认出比较大的速度或比较小的速度当中任何速度的变化。虽是这样，我们可以想象在任意两个相邻的速度中间，总有无数个中间速度存在着。

为了测量速度，我们把空间分割成一些有规则的小部分，而在每一小部分中，注意它所经过的时间，求出相应的“平均速度”，这是上面已说过的方法。空间的段落越小，得出来的平均速度越接近，也就越接近真实速度。但无论怎样，总不能完全达到真实的境界，因为我们的这种想法总是不连续的，而运动却是一个连续的量。

空间的段落越小，得出来的平均速度越接近，也就越接近真实速度。

这个方法只能应用到测量和计算上，它却不能讲明我们的直觉的论据。

飞矢不动

我们用了计算“无限小”的方法所推证得的结果来调和这论据和实验的差别，这是非常困难的，但是这种困难在很久以前就很清楚了，即如大家都知道的芝诺（*Zeno of Elea*）和他著名的芝诺悖论（*Zenos' Paradox*）。所谓“飞矢不动”，便是一个好例。既说那矢是飞的，怎么又说它不动呢？

飞着的箭在任何瞬间都是既非静止又非运动的。

这个话，中国也有《庄子》上面讲到公孙龙那班人的辩术，就引“镞矢之疾也，而有不行不止之时”这一条。不行不止，是怎样一回事呢？这比芝诺的话来得更玄妙了。

从我们的理性去判断，这自然只是一种诡辩，但要找出芝诺的论证的错误，而将它推翻，却也不容易。芝诺利用这个矛盾的推论来否定运动的可能性，他却没有怀疑他的推论方法究竟有没有错误。

这却给了我们一个机缘，让我们去找寻新的推论方法，并且把一些新的概念弄得更精密。关于“飞矢不动”这个悖论可以这样说：

“飞矢是不动的。因为在它的行程上的每一刹那，它总占据着某一个固定的位置。所谓占据着一个固定的位置，那就是静止的了。但是一个一个的静止连接在一起，无论有多少个，它都只有一个静止的状态。所以说飞矢是不动的。”

在后面，关于这个从古至今打了不少笔墨官司的芝诺悖论的解释，我们还要重复说到。这里，只要注意这一点，芝诺的推论法，是把时间细细地分成了极小的间隔，使得他的反对派中的一些人推想到，这个悖论的奥妙就藏在运动的连续性里面。运动是连续的，我们从上例中早已明白了。但是，这个运动的连续性，芝诺在他无限地细分时间的间隔的当儿，却将它弄掉了。

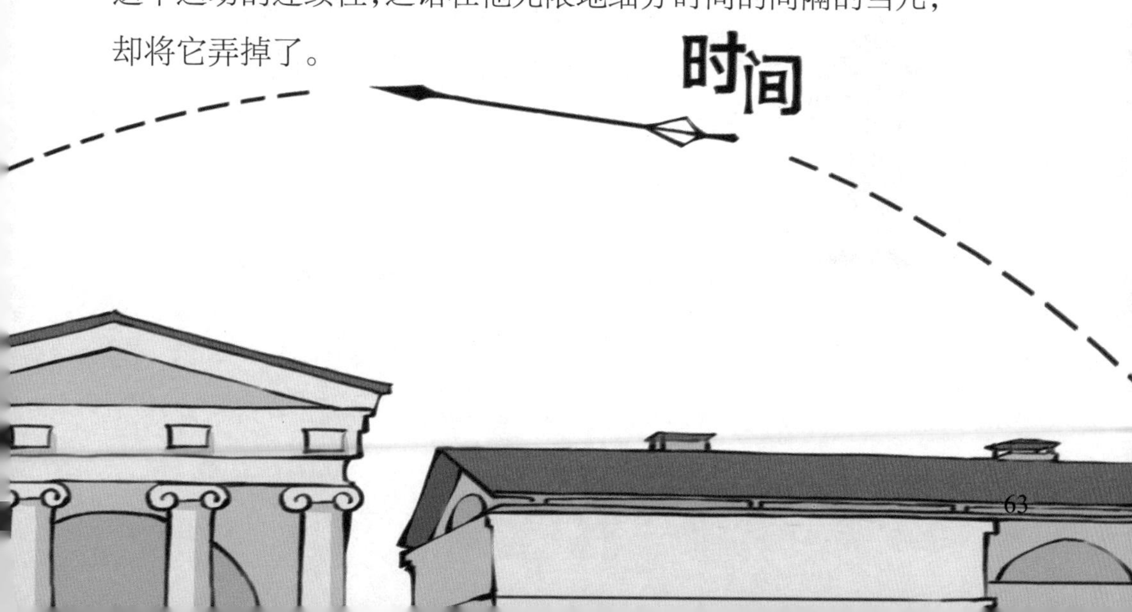

连续性这东西，从前希腊人也知道。不过他们所说的连续性是直觉的，我们现在讲的却是由推论得来的连续性。对于解答“飞矢不动”这个悖论，显而易见，它是必要条件，但是单只有它并不充足。

我们必须要精密地确定“极限”的意义，我们可以看出来，计算“无限小”的时候，就要使用到它的。

照前几段的说法，似乎我们对于从前的希腊哲人，如芝诺之流，有些失敬了。然而，我们可以看出来，他们的悖论虽然不合于真理，但他们已经认识到直觉和推理中的矛盾了！

怎样弥补这个缺憾呢？

找出一个实用的方法来，确保测量的精密性，使所得的结果更接近于真实，是不是就可以解决这样的问题呢？

小提示

用来计量时间的仪器有石英钟、电子手表、机械停表和电子停表和铯原子钟等，其中铯原子钟的计时更精确，大约每百万年只有 1*s* 的误差。

这本来只是关于机械一方面的事，但以后我们就可以看出来，将来实际所得的结果即使可以超越现在的结果，根本的问题却还是解答不出来。无论研究方法多么完备，总是要和一串不连续的数连在一起，所以不能表示连续的变化。

在测量长度和时间时，因使用的测量仪器和测量方法的限制，测量出来的数值与真实值之间难免有误差。误差不能消除，只能通过使用更精密的仪器，以及改进测量方法来减小误差。

真实的解答是要发明一种在理论上有可能性的计算方法，来表示一个连续的运动，能够在我们的理性上面，严密地讲明这连续性，和我们的精神所要求的一样。

03 函数和变数

科学上使用的名词，都有它死板的定义，说实话，真是太乏味了。什么叫函数，我们一起来看看例子吧。

有趣的函数

我想，先把“数”字的意思放宽一些，不必太认真，在这里既不是要算狗肉账，倒也没有什么大碍。这么一来，我可以告诉你，现在的社会中，“女子就是男子的函数”。但你不要误会，以为我是在说女子应当是男子的奴隶。奴隶不奴隶，这是另外的问题。我想说的只是女子的地位是随着男

子的地位变的。写到这里，忽然笔锋一转，记起一段笑话，一段戏文上的笑话。

有一个穷书生，讨了一个有钱人家的女儿做老婆，因此，平日就以怕老婆出了名。后来，他的运道亨通了，进京朝考，居然一榜及第。他身上披起了蓝衫，许多人侍候着。回到家里，一心以为这回可以向他的老婆复仇了。哪知老婆见了他，仍然是神气活现的样子。他觉得这未免有些奇怪，便问："从前我穷，你向我摆架子，现在我做了官，为什么你还要摆架子呢？"

她的回答很妙："愧煞你是一个读书人，还做了官，'水涨船高'你都不知道吗？"

你懂得“水涨船高”吗？船的位置的高低，是随着水的涨落变的。用数学上的话来说，船的位置就是水的涨落的函数。说女子是男子的函数，也就是同样的理由。

在家从父，出嫁从夫，夫死从子，这已经有点儿像函数的样子了。如果还嫌粗略些，我们不妨再精细一点儿说。女子一生下来，父亲是知识阶级，或官僚政客，她就是千金小姐；若父亲是挑粪、担水的，她就是丫头。

这个地位一直到了她嫁人以后才会发生改变。这时，改变也很大，嫁的是大官僚，她便是夫人；嫁的是小官僚，她便是太太；嫁的是教书匠，她便是师母；嫁的是生意人，她便是老板娘；嫁的是 x，她就是 y，y 总是随着 x 变的，自己无法作主。这种情形和“水涨船高”真是一样，所以我说，女子是男子的函数，y 是 x 的函数。

不过，这只是一个用来作比喻的例子，女子的地位虽然随了她所嫁的男子有夫人、太太、师母、老板娘、y……的不同，这只是命运，并非这些人彼此之间骨头真有轻重的差别，所以无法用数量来表示。说是函数，终究有些勉强，真要明了函数的意思，我们还是来正正经经地讲别的例吧！

降函数

请你放一支燃着的蜡烛在隔你的嘴一米远的地方，倘若你向着那火焰吹一口气，这口气就会使那火焰歪开、闪动，说不定，因为你的那一口气很大，直接将它吹灭了。

倘若你没有吹灭——就是吹灭了也不要紧，重新点着好了——请你将那支蜡烛放到隔你的嘴三米远的地方，你照样再向着那火焰吹一口气，它虽然也会歪开、闪动，却没有前一次厉害了。

你不要怕麻烦，这是科学上的所谓实验的态度。你无妨向着蜡烛走近，又退远开来，吹那火焰，看它歪开和闪动的情形。不用费什么事，你就可以证实隔那火焰越远，它歪开得越少。我们就说，火焰歪开的程度是蜡烛和嘴的距离的“函数”。

我们还能够决定这个“函数”的性质，我们称这种函数是“降函数”。当蜡烛和嘴的距离渐渐“加大”的时候，火焰歪开的程度（函数）却逐渐“减小”。

升函数

现在，将蜡烛放在固定的位置，你也站好不要再走动，这样蜡烛和嘴的距离便是固定的了。你再来吹那火焰，随着你那一口气的强些或弱些，火焰歪开的程度也就大些或小些。这样看来，火焰歪开的程度，也是吹气的强度的函数。不过，这个函数又是另外一种，性质和前面的有点儿不同，我们称它是“升函数”。当吹气的强度渐渐“加大”的时候，火焰歪开的程度（函数）也逐渐“加大”。

变量与函数

所以，一种现象可以不只是一种情景的函数，即火焰歪开的程度是吹气的强度的升函数，又是蜡烛和嘴的距离的降函数。在这里，有几点应当同时注意到：

第一，火焰会歪开，是因为你在吹它；

第二，歪开的程度有大小，是因为蜡烛和嘴的距离有远近，以及你吹的气有强弱。

倘使你不去吹，它自然不会歪开。即使你去吹，蜡烛和嘴的距离，以及你吹的气的强弱，每次都是一样，那么，它歪开的程度也没有什么变化。

所以函数是随着别的数而变的，别的数也得先会变才行。这种自己变的数，我们称它为变量或变数。火焰歪开的程度，我们说它是倚靠着两个变数的一个函数。

在日常生活中，我们也能找出这类函数来：

你用一把锤子去敲钉子，那锤子施加到钉子上的力量，就是锤的重量和它敲下去的速度这两个变量的升函数。

还有火炉喷出的热力，就是炉孔的面积的函数。因为炉孔加大，火炉喷出的热力就会渐渐减弱。

至于其他的例子，你只要肯留意，随处可见。

你会感到奇怪了吧？数学是一门多么精密、深奥的学科，从这种日常生活中的事件，凭借一点儿简单的推理，怎么就能够扯到函数的数学的概念上去呢？

由我们的常识的解说又如何发现函数的意义呢？我们再来讲一个比较细密的例子。

函数的数学意义

我们用一个可以测定它的变量的函数来做例，就可以发现它的数学的意义。

在锅里热着一锅水，放一只寒暑表在水里面，你注意去观察那寒暑表的水银柱。你守在锅子边，将看到那水银柱的高度一直是在变动的，经过的时间越长，它上升得越高。水银柱的高度，就是那水温的函数。这就是说，水银柱的高度是随着水量和水温而变化的。所以倘若测得了所供给的热量，又测得了水量，你就能够求出它们的函数——那水银柱的高来。

对于同量的水增加热量，或是同量的热减少水量，这时水银柱一定会上升得高些，这高度我们是有办法算出的。

由上面的例子看来，无论变数也好，函数也好，它们的值都是不断变动的。以后我们讲到的变数中，特别指出一个或几个来，叫它们是“独立变数”（或者，为了简便，就只叫它变数）。别的呢，就叫它们是“倚变数”，或是这些变数的函数。

对于变数的每一个数值，它的函数都有一个相应的数值。若是我们知道了变数的数值，就可以决定它的函数的相应的数值时，我们就称这个函数为“已知函数”。即如前面的例子，倘若我们知道了物理学上供给热量对水所起的变化的法则，那么，水银柱的高度就是一个已知函数。

我们再来举一个非常简单的例子，还是回到等速运动上去。有一个小孩子，每分钟可以爬五米远，他所爬的距离就是所爬时间的函数。假如他爬的时间用 t 来表示，那么他爬

的距离便是 t 的函数。

在初等代数上，你已经知道这个距离和时间的关系，可以用下面的式子来表示：

$$d=5t$$

若是仿照函数的表示法写出来，因为 d 是 t 的函数，所以又可以用 $F(t)$ 来代表 d，那就写成：

$$F(t)=5t$$

从这个式子中，我们若是知道了 t 的数值，它的函数 $F(t)$ 的相应的数值也就可以求出来了。比如，这个在地上爬的小孩子就是你的小弟弟，他是从你家大门口一直爬出去的，恰好你家对面三十多米的地方有一条小河。你坐在家里，一个朋友从外面跑来说看见你的弟弟正在向小河的方向爬去。他

从看见你的弟弟到和你说话正好三分钟。那么，你一点儿不用慌张，你的小弟弟一定还不会掉到河里。因为你既知道了 t 的数值是 3，那么 $F(t)$ 相应的数值便是 $5\times3=15$ 米，距那隔你家三十多米远的河还远着呢！

连续函数

以下要讲到的函数，我们在这里来说明而且规定它的一个重要性质，就叫作函数的“连续性”。

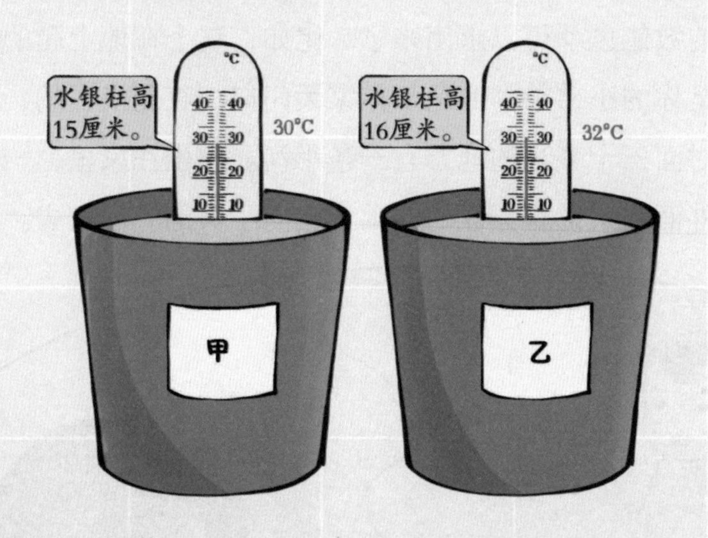

在上面所举的函数的例子中，那函数都受着变数的连续的变化的支配，跟着从一个数值变到另一个数值，也是“连续的”。在两头的数值当中，它经过了那里面的所有中间数值。比如，水的温度连续地升高，水银柱的高也连续地从最初的高度，经过所有中间的高度，达到最后一步。

你试取两桶温度相差不多的水，例如，甲桶的水温是30℃，乙桶的是32℃，各放一只寒暑表在里面，水银柱的高前者是15厘米，后者是16厘米。这是很容易看出来的，对于2℃温度的差（这是变数），相应的水银柱的高（函数）的差是1厘米。设若你将乙桶的水凉到31.6℃，那么，这只寒暑表的水银柱的高是15.8厘米，而水银柱的高的差就变成0.8厘米了。

这件事情是很明白的：乙桶水从32℃降到31.6℃，中间所有的温度的差，相应的两只寒暑表的水银柱的高的差，是在1厘米和0.8厘米之间。

这话也可以反过来说，我们能够得到两只寒暑表的水银柱的高的差（也是随我们要怎样小都可以，比如是0.4厘米）相应到某个固定温度的差（比如0.8℃）。但是，如果无论我们怎样弄，永远不能使那两桶水的温差小于0.8℃，那么两只寒暑表的水银柱的高的差也就永远不会小于0.4厘米了。

最后，若是两桶水的温度相等，那么水银柱的高也一样。假设这温度是31℃，相应的水银柱的高便是15.5厘米。我们必须要把甲桶水加热到31℃，而把乙桶水凉到31℃，这时两只寒暑表的水银柱一个是上升，一个却是下降，结果都到了15.5厘米的高度。

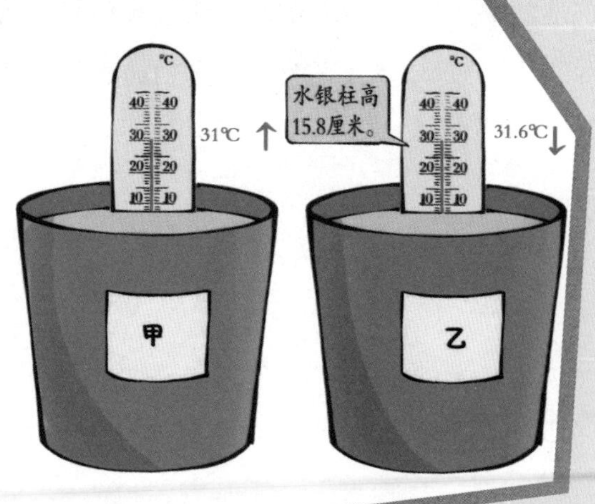

推到一般的情形去，我们考察一个“连续”函数的时候，就可以证实下面的性质：

当变数接近一个定值的时候，或者说得更好一点，“伸张到”一个定值的时候，那函数也“伸张”，经过一些中间值，“达到”一个相应的值，而且总是达到这个相同的值。不但这样，它要达到这个值，那变数也就必须达到它的相应的值。还有，当变数保持着一定的值时，函数也保持着那相应的一定的值。

这个说法，就是“连续函数”的精密的数学定义。由物理学的研究，我们证明了这个定义对于物理的函数是正相符合的。尤其是运动，它表明了连续函数的性质：

运动所经过的空间，它是一个时间的函数，只有冲击和反击的现象是例外。再说回去，我们由实测不能得到的运动的连续，我们的直觉却有力量使我们感受到它。多么光荣呀，我们的直觉能结出这般丰盛的果实！

04 无限小的变数：诱导函数

现在还是来说关于运动的现象。有一条大路或是一条小槽，在那条路上有一个轮子正转动着，或是在这小槽里有一个小球正在滚动着。倘若我们想找出它们运动的法则，并且要计算出它们在进行中的速度，比前面的还要精密的方法，究竟有没有呢？

将就以前说过的例子，本来也可以再讨论下去，不过为着简便起见，我们无妨将那个例子的特殊情形归纳为一般的情况。用一条线表示路径，用一些点来表示在这路上运动的东西。这么一来，我们所要研究的问题，就变成一个点在一条线上的运动的法则和这个点在进行中的速度了。

索性更简单些，就用一条直线来表示路径：这条直线从 O 点起，无限地向着箭头所指示的方向延伸出去。

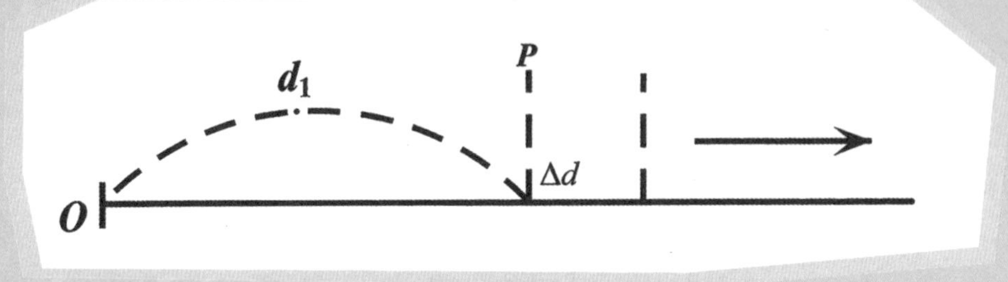

图 18

在这条直线上，依着同一方向，有一点 P 连续地运动，它运动的起点也就是 O。对于这个不停运动的 P 点，我们能够求出它在那直线上的位置吗？是的，只要我们知道在每个时间 t，这个运动着的 P 点间隔 O 点多远，那么，它的位置也就能确定了。

和之前的例子一样，连续运动在空间的径路是时间的一个连续函数。

先假定这个函数是已经知道了的，不过这并不能解决我们所要讨论的问题。我们还不知道在这运动当中，P 点的速度究竟是怎样，也不知道这速度有什么变化。经过我这么一提醒，你将要失望了，将要皱眉头了，是不是？

且慢，不用着急，我们请出一件法宝来，这些问题就迎刃而解了！这是一件什么法宝呢？以后你就知道了，先只说它的名字叫作“诱导函数法”。它真是一件法宝，它便是数学园地当中，挂有“微分法”这个匾额的那座亭台的基石。

“运动”本来不过是从时间和空间的关系的变化出来的。不是吗？你倘若老是把眼睛闭着，尽管你心里只是不耐烦，觉得时间真难熬，有度日如年之感，但是一只花蝴蝶在你的面前蹁跹地飞着，上下左右地回旋，你哪儿会知道它在这么有兴致地动呢？原来，你闭了眼睛，你面前的空间有怎样的变化，你真是茫然了。同样地，倘使尽管空间有变化，但你根本就没有时间感觉，你也没有办法理解“运动”是怎么一回事！

倘若对于测得的时间 t 的每一个数，或者说得更好一些，对于时间 t 的每一个数值，我们都能够计算出距离 d 的数值来，这就是某种情形当中的时间和空间的关系的变化已经被我们知晓了。那运动的法则，我们自然而然也就知道了！我们就说：

距离是时间的已知函数，简便一些，我们说 d 是 t 的已知函数，或者写成 $d=f(t)$。

对于你的小弟弟在大门外地上爬的例子，这公式就变成了 $d=5t$。

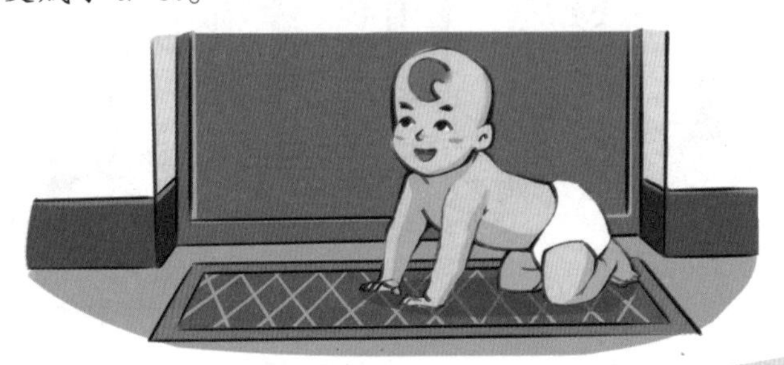

另外随便举个例子，比如 $d=3t+5$，这时就有了两个不同的运动法则。假如时间用分钟计算，距离用米计算。在第一个式子中，若时间 t 是 10 分钟，那么距离 d 就得 50 米。但在第二个式子中，$d=3t+5$ 所表示的是运动的法则，10 分钟的结尾，那距离却是 $d=3\times10+5$，便是距出发点 35 米。

来说计算速度的话吧！先须得注意，和以前说过的一样，要能计算无限小的变动的速度，换句话说，就是要计算任何刹那的速度。

为了表示一个数值是很小的，小得与众不同，我们就在它的前面写一个希腊字母 Δ（delta），所以 Δt 就表示一个极小极小的时间间隔。在这个时间当中，一个运动的东西所经过的路程自然很短很短，我们就用 Δ1 表示。

现在我问你，那 P 点在时间 Δt 的间隔中，它的平均速度是什么？你没有忘掉吧！运动的平均速度等于这运动所经过的时间去除它所经过的距离。所以这里，你可以这样回答我：

$$\text{平均速度}\ \bar{v}=\frac{\Delta d}{\Delta t}$$

这个回答一点儿没错，虽然现在的时间间隔和空间距离都很小很小，但要求这个很小的时间当中，运动的平均速度，还是只有这么一个老法子。

平均速度！平均速度！这平均速度，一开始不是就和它纠缠不清吗？不是觉得对于真实的运动情形，无论怎样都表示不出来吗？那么，在这里我们为什么还要说到它呢？不过，因为时间和空间所取的数值都很小的缘故，所以这里所说的平均速度很有用。要得出真实的速度而非平均的，要那运动只是一刹那间的，而非延续在一个时间间隔当中，我们只需把 Δt 无限制减小下去就行了。

我们先记好了前面已经说过的连续函数的性质，因为在一刹那 t，运动的距离是 d，在和 t 非常相近的时间，我们用 $t+\Delta t$ 来表示，那么，相应地就有一个距离 $d+\Delta d$ 和 d 也就非常相近。并且 Δt 越减小，Δd 也跟着越小。

这样一来，我们所测定的时间，当它的数目非常小，差不多和零相近的时候，会得出什么结果呢？换句话说，就是时间 t 近于 0 的时候，这个 $\frac{\Delta 1}{\Delta t}$ 的比却变得很微小。因为前项 $\Delta 1$ 和后项 Δt 虽在变动，但它们的比差不多一样。

对于平均速度 $\frac{\Delta d}{\Delta t}$，因为 Δt 同 Δd 无限减小，最终就会到达一个和 Δt 定值 v 相差几乎是零的地步。关于这种情形，我们就说：

“当 Δt 和 Δd 近于 0 的时候，v 是 $\frac{\Delta d}{\Delta t}$ 的比的极限（limite）。”

$\frac{\Delta d}{\Delta t}$ 既是平均速度，它的极限 v 就是在时间的间隔和相应的空间都近于零的时候，平均速度的极限。

结果，v 便是在一刹那 t 动点的速度。将上面的话联合起来，可以写成：

$$V = \lim_{\Delta t \to 0} \frac{\Delta d}{\Delta t}$$（$\Delta t \to 0$ 表示 Δt 近于 0 的意思）

找寻$\frac{\Delta d}{\Delta t}$的极限值的计算方法，我们就叫它是诱导函数法。

极限值 v 也有一个不大顺口的名字，叫作“空间 d 对于时间 t 的诱导函数”。

有了这个名字，我们说起速度来就便当了。什么是速度？它就是“空间对于一瞬的时间的诱导函数”。

我们又可以回到芝诺的“飞矢不动”的悖论上去了。对于他的错误，在这里还能够加以说明。

芝诺所用来解释他的悖论的方法，无论多么巧妙，横在我们眼前的事实，总是让我们不能相信飞矢是不动的。

你总看过变戏法吧？你明知道，那些使你看了吃惊到目瞪口呆的玩意儿都是假的，但你总找不出它们的漏洞来。我

们若没有充足的论据来攻破芝诺的推论，那么，对于他这巧妙的悖论，也只好抱着看戏法时所有的吃惊的心情了。

现在，我们再用一种工具来攻打芝诺的推论。

古代的人并不比我们笨，速度的意义他们也懂得的，只可惜他们还有不如我们的地方，那就是关于无限小的量的观念一点儿没有。他们以为“无限小”就是等于零，并没有什么特别。因为这个缘故，他们吃了不少亏，像芝诺那般了不起的人物，在他的推论法中，这个当上得更厉害。

不是吗？芝诺这样说：“在每一刹那，那矢是静止的。”我们无妨问问自己，他的话真的正确吗？在每一刹那那矢的位置是静止的，和一个静止的东西一样吗？

再举个例来说，假如有两支同样的矢，其中一支用了比另一支快一倍的速度飞动。在它们正飞着的空隙，照芝诺想来，每一刹那它们都是静止的，而且无论飞得快的一支或是慢的一支，两支矢的“静止情形”也没有一点儿区别。

在芝诺的脑子里，快的一支和慢的一支的速度，无论在哪一刹那都等于零。

但是，我们已经看明白了，要想求出一个速度的精准值，必须要用到“无限小”的量，以及它们的相互关系。上面已经讲过，这种关系是可以有一个一定的极限的。而这个极限呢，又恰巧可以表示出我们所设想的一刹那时间的速度。

所以，在我们的脑海里，和芝诺就有点儿不同了！那两

支矢在一刹那的时间，它们的速度并不等于零：

每支都保持各自的速度，在同一刹那的时间，快的一支的速度总比慢的一支的速度大一倍。

把芝诺的思想，用我们的话来说，得出这样一个结论：

他推证出来的好像是两个无限小的量，它们的关系必须等于零。对于无限小的时间，照他想来，那相应的距离总是零，这你会觉得有点儿可笑了，是不是？但这也不能全怪芝诺，在他活着的时候，什么极限呀、无限小呀，这些观念都还没有规定清楚呢。速度这东西，我们把它当作距离和时间的一种关系，所以在我们看来，那飞矢总是动的。说得明白点儿，就是：在每一刹那，它总保持一个并不等于零的速度。

好了！关于芝诺的话，就此停止吧！我们来说点儿别的吧！

你学过初等数学，是不是？你还没有全忘掉吧！在这里，就来举一个计算诱导函数的例子怎么样？先选一个极简单的运动法则，好，就用你的弟弟在大门外爬的那一个例子：

$$d=5t \qquad (1)$$

无论在哪一刹那 t，最后他所爬的距离总是：

$$d_1=5t_1 \qquad (2)$$

我们就来计算你的弟弟在地上爬时，这一刹那的速度，就是找空间 d 对于时间 t 的诱导函数。设若有一个极小极小的时间间隔 Δt，就是说刚好接连着 t_1 的一刹那 $t1+\Delta t$，在这时候，那运动着的点，经过了空间 Δd，它的距离就应当是：

$$d_1+\Delta d=5(t_1+\Delta t) \qquad (3)$$

这个小小的距离 Δd，我们要用来做成这个比 $\frac{\Delta d}{\Delta t}$ 的，所以我们可以 Δt 先把它找出来。从（3）式的两边减去 d_1 便得：

$$\Delta d=5(t_1+\Delta t)-d_1 \qquad (4)$$

但是第（2）式告诉我们说 $d_1=5t_1$，将这个关系代进去，我们就可以得到：

$$\Delta d=5(t_1+\Delta t)-5t_1$$

在时间 Δt 当中的平均速度，前面说过是 $\frac{\Delta d}{\Delta t}$，我们要找出这个比等 Δt 于什么，只需将 Δt 除前一个式子的两边就好了。

$$\therefore\ \frac{\Delta d}{\Delta t}=\frac{5(t_1+\Delta t)-5t_1}{\Delta t}=\frac{5t_1+5\Delta t-5t_1}{\Delta t}$$

化简便是：$\frac{\Delta d}{\Delta t}=\frac{5\Delta t}{\Delta t}=5$

从这个例子看来（$\frac{\Delta d}{\Delta t}$），无论 Δt 怎样减小，总是一个常数。因此，即使我们将 Δt 的值尽量地减小，到了简直要等于零的地步，那速度 V 的值，在 $t1$ 这一刹那，也是等于 5，也就是诱导函数等于 5，所以：

$$V=\lim_{\Delta t\to 0}\frac{\Delta d}{\Delta t}=5$$

这个式子表明无论在哪一刹那，速度都是一样的，都等于 5。速度既然保持着一个常数，那么这运动便是等速的了。

不过，这个例子是非常简单的，所以要求出它的结果也非常容易。至于一般的例子，那就往往很麻烦，做起来并不像这般轻巧。

就现实的情形说，$d=5t$ 这个运动法则，明明指出运动所经过的路程（比如用米做单位）总是运动所经过的时间（比如用分钟做单位）的五倍。一分钟你的弟弟在地上爬五米，两分钟便爬了十米，所以，他的速度总是等于每分钟五米。

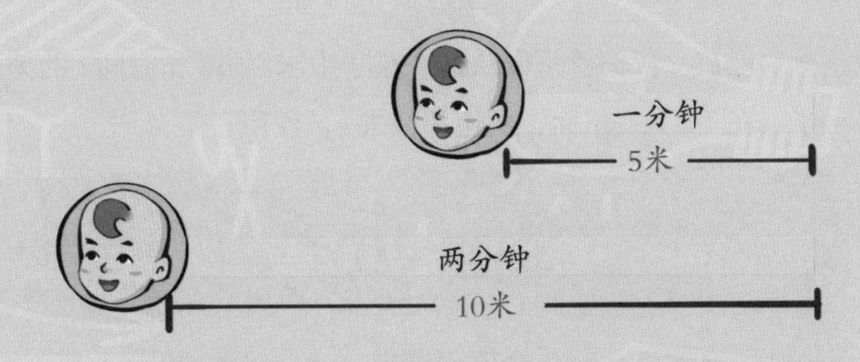

$$e=t^2 \qquad (1)$$

再另外举一个简单的运动法则来做例，不过它的计算却没有前一个例子简便。假如有一种运动，它的法则是：

依照这个法则，时间用秒做单位，空间用米做单位。那么，在 2 秒钟的结尾，它所经过的空间应当是 4 米；在 3 秒钟的结尾，应当是9米……照样推下去，米的数目总是秒数的平方。所以在 10 秒钟的结尾，所经过的空间便是 100 米。

还是用空间对于时间的诱导函数来计算这运动的速度吧！

为了找出诱导函数来，在时间 t 的任一刹那，设想这时间增加了很小一点儿 Δt。在这 Δt 很小的一刹那当中，运动所经过的距离 e 也加上很小的一点儿 Δe。从（1）式我们可以得出：

$$e+\Delta e=(t+\Delta t)^2 \qquad (2)$$

现在，我们就可以从这个式子中求出 Δe 和时间 t 的关系了。在（2）式里面，两边都减去 e，便得：

$$\Delta e=(t+\Delta t)^2-e$$

因为 $e=t2$，将这个值代进去：

$$\Delta e=(t+\Delta t)^2-t^2 \qquad (3)$$

到了这里，我们将式子的右边简化。这，第一步就非将括号去掉不可。朋友！你也许忘掉了吧？我问你，（$t+\Delta t$）2 去掉括号应当等于什么？想不上来吗？我告诉你，它应当是：

$$t^2+2t\times\Delta t+(\Delta t)^2$$

所以（3）式又可以照下面的样子写：

$$\Delta e=t^2+2t\times\Delta t+(\Delta t)^2-t^2$$

式子的右边有两个 t_2，一个正一个负恰好消去，式子也更简单些：

$$\Delta e=2t\times\Delta t+(\Delta t)^2 \tag{4}$$

接着就来找平均速度$\frac{\Delta e}{\Delta t}$，应当将$\Delta t$去除（4）式的两边：

$$\frac{\Delta e}{\Delta t}=\frac{2t\times\Delta t}{\Delta t}+\frac{(\Delta t)^2}{\Delta t} \tag{5}$$

现在再把式子右边的两项中分子和分母的公因数Δt抵消，只剩下：

$$\frac{\Delta e}{\Delta t}=2t+\Delta t \tag{6}$$

倘若我们所取的Δt真是小得难以形容，简直几乎就和零一样，这就可以得出平均速度的极限：

$$\lim_{\Delta t\to 0}\frac{\Delta e}{\Delta t}=2t+0$$

于是，我们就知道在t刹那时，速度v和时间t的关系是：

$$v=2t$$

你把这个结果和前一个例子的结果比较一下，你总可以看出它们俩有些不一样吧！最明显的，就是前一个例子的 v 总是 5，和 t 没有一点儿关系。这里却没有那么简单，速度总是时间 t 的两倍。所以恰在第一秒的间隔，速度是 2 米，但恰在第二秒的一刹那，却是 4 米了。这样推下去，每一刹那的速度都不同，所以这种运动不是等速的。

05 谈导函数的几何表示法

“无限小”的计算法，真可以算是一件法宝，你在数学的园地中，走来走去，差不多都可以看见它。

在几何的院落里，更可以看出它有多么玲珑。老实说，几何的院落现在如此繁荣、美丽，受了它不少的恩赐。牛顿发现了它，莱布尼茨也发现了它。但是他们俩并没有打过招呼，所以他们走的路也不同。莱布尼茨是在几何的院落里玩得兴致很浓，想在那里面加上一些点缀，为了要解决一个极有趣的问题时，才发现了“无限小”这法宝，而且最大限度发挥了它的作用。

什么是切线？

在几何中，“切线”这个名词，你不知碰见过多少次了吧？所谓切线，照通常的说法，就是和一条曲线除了一点相挨着，再也不会有其他地方和它相碰的那样一条直线。

莱布尼茨在几何的园地中，津津有味地要解决的问题就是：在任意一条曲线上的随便一点，要引一条切线的方法。有些曲线，比如圆或椭圆，在它们的上面随便一点，要引一条切线，学过几何的人都知道这个方法。但是对于别的曲线，依了样却不能将那葫芦画出来。

究竟一般的方法是怎样的呢？在几何的院落里，曾有许多人想找到打开这道门的锁匙，但都被它逃走了！

和莱布尼茨同时游赏数学的园地，而且在里面加上一些建筑或装饰的人，曾经找到过一条适当而且开阔的路去探寻各种曲线的奥秘：笛卡尔就在代数和几何两座院落当中筑了一条通路，这便是挂着“解析几何”这块牌子的那些地方。

解析几何

根据解析几何的方法，数学的关系可用几何的图形表示出来，而一条曲线也可以用等式的形式去记录它。这个方法真有点儿神奇，是不是？但是仔细追根究底，到了现在却非常简单，我们看着简直是非常平淡无奇了。然而，这条道路若不是像笛卡尔那样有才能的人是建筑不起来的！

要说明这个方法的用场，我们也先来举一个简单的例子。

你取一张白色的纸钉在桌面上，并且预备好一把尺子、一块三角板、一支铅笔和一块橡皮。你用你的铅笔在那纸上画一个小黑点，马上用橡皮将它擦去。你有什么方法能够将那个黑点的位置再找出来吗？你真将它擦到一点儿痕迹都不留，无论如何你再也没法将它找回来了。所以在一张纸上，要定一个点的位置，这个方法非常重要。

要定出一个点在纸上的位置的方法，实在不止一个，还是选一个容易明白的吧。你用三角板和铅笔，在纸上画一条水平线 OH 和一条垂直线 OV。假如 P 是那位置应当确定的点，你由 P 引两条直线，一条水平的和一条垂直的（图中的虚线），这两条直线和前面画的两条，比如说相交在 a 点和 b 点，你就用尺子去量 Oa 和 Ob。

设若量出来，Oa 等于 3 厘米，Ob 等于 4 厘米。

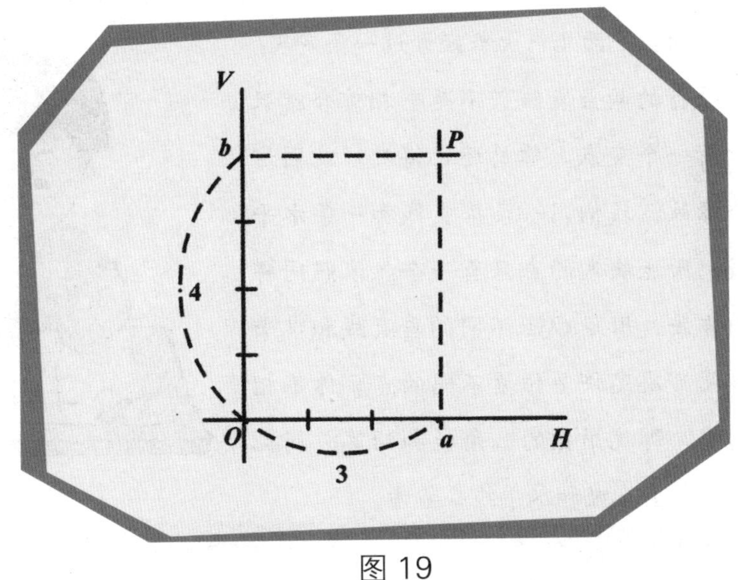

图 19

现在你把所画的 P 点和那两条虚线都用橡皮擦去，只留下用作标准的两条直线 OH 和 OV，这样你只需注意到 Oa 和 Ob 距离，P 点就可以很容易地再找出来。实际就是这样做法：从 O 点起在水平线 OH 上量出 3 厘米的一点 a，还是从 O 点起，在垂直线 OV 上量出 4 厘米的一点 b。跟着，从 a 画一条垂直线，又从 b 画一条水平线。你是已经知道的，这两条线会相碰，这相碰的一点，便是你所要找的 P 点。

这个方法是比较简便的，但并不是独一无二的方法。这里用到的是两个数，一个垂直距离和一个水平距离。但如果另外选两个适当的数，也可以把平面上一点的位置确定，不过别的方法都没有这个方法浅近易懂。

你在平面几何上曾经读过一条定理：不平行的两条直线若不是全相重合就只能有一个交点。你总还记得吧！就因这个缘故，我们用一条垂直线和一条水平线，所能决定的点只有一个。依照同样的方法，用距 O 点不同的垂直线和水平线便可决定许多位置不同的点。你不相信吗？那就用你的三角板和铅笔，胡乱画几条垂直线和水平线来看看。

请你再回忆起平面几何上的一条定理来，那就是通过两个定点一定能够画一条直线，而且也只能够画一条。所以，倘若你先在纸上画一条直线，只任意留下了两点，便将整条线擦去，你若要再找出原来的那条直线，只需用你的尺子和铅笔将所留的两点连起来就成了。你试试看，前后两条直线的位置有什么不同的地方没有？

前面说的只是点的位置，现在，我们更进

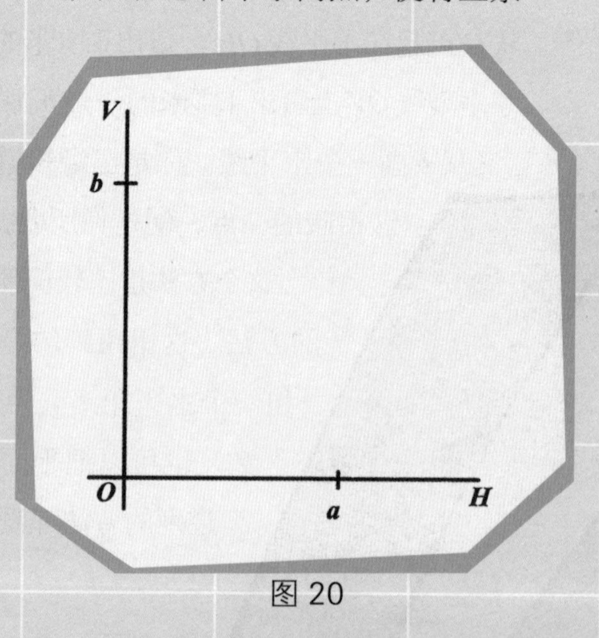

图 20

一步来研究任意一条曲线，或是 BC 弧，我们也能够将它表示出来吗?

为了方便起见，我和你先约束好：在水平线上从 O 起量出的距离用 x 表示，在垂直线上从 O 起量出的距离用 y 表示。这么一来，设若那条曲线上有一点 P，从 P 向 OH 和 OV 各画一条垂线，那么，无论 P 点在曲线上的什么地方，x 和 y 都各有一个相应于这 P 点的位置的值。

在曲线 BC 上，设想有一点 P，从 P 向 OH 画一条垂线 Pa，设若它和 OH 交于 a 点；又从 P 向 OV 也画一条垂线 Pb，设若它和 OV 交于 b 点，Oa 和 Ob 便是 x 和 y 相应于 P 点的值。你试在 BC 上另外取一点 Q，依照这方法做起来，就可以看出 x 和 y 的值不再是 Oa 和 Ob 了。

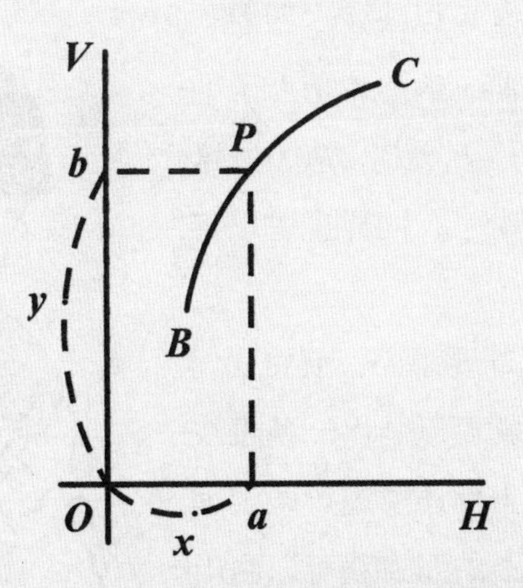

图 21

接连在曲线 BC 上面，取一串的点，比如说是 P_1、P_2、P_3……从各点向 OH 和 OV 都画垂线，这就得出相应于 P_1、P_2、P_3……这些点的位置的 x 和 y 的值，x_1、x_2、x_3……和 y_1、y_2、y_3……x 的一串值 x_1、x_2、x_3……各都和 y 的一串值 y_1、y_2、y_3……中的一个相应。这些是你从图上一眼就能看明白的。

倘若已将 x 和 y 的各自的一串值都画出，曲线 BC 的位置大体也就决定了。所以，实际上，你若把 $P1$、$P2$、$P3$……这一串点留着，而将曲线 BC 擦去，和前面画直线一样，你就有方法能再把它找出来。因为 x 的每一个值，都相应于 y 的一串值中的一个，所以要决定曲线上的一点，我们就在 OH 上从 O 取一段等于 x 的值，又在 OV 上从 O 起取一段等于相应于它的 y 的值。那么，这一点，就和前面讲过的例子一样，完全可以决定。跟着，用同样的方法，将 x 的一串值和 y 的一串值都画出来，P_1、P_2、P_3……这一串的点也就确定了，同样也可以将曲线 BC 画出来。

不过，这却要小心，前面我们说过，有了两点就可以画出一条直线。在平面几何学上你还学过一条定理，不在一条直线上的三点就可以画出一个圆周。但是一般的曲线，要有多少点才能把它画出来，那是谁也回答不上来的问题，不是吗？曲线是弯来弯去的，没有画出来的时候谁能完全明白它是怎样的弯法呢！所以，在实际的操作中，真要由许多点来画出一条曲线，必须要画出很多互相挨得很近的点，才可以大体画出那条曲线。并且这还需注意，无论怎样，倘若没有别的方法加以证明，你这样画出的曲线总只是一条相近的曲线。

话说回来，以前所讲过的数学的函数的定义，把它来和这里所说的表示 x 和 y 的一串值的方法对照一番，真是有趣极了！我们既说，每一个 x 的值，都相应于 y 的一串值中的一个。那好，我们不是也就可以干干脆脆地说 y 是 x 的函数吗？要是掉转枪口，我们就可以说 x 是 y 的函数。从这一点看起来，有些函数是可以用几何的方法表示的。

比如：y 是 x 的函数，用几何的方法来表示就是这样：有一条曲线 BC，设若 x 等于 Oa，我们实际上就可知道相应于它的 y 的值是 Ob。

所以从解析数学上看来，一个数学的函数是代表一条曲线的。但掉过头从几何上看来，一条曲线就表示一个数学的函数。两边简直是合则双美的玩意儿。

要反过来说，也是非常容易的。假如有一个数学的函数：

$$y=f(x)$$

我们可以给这函数一个几何的说明。

还是先画两条互相垂直的线段 OH 和 OV，在水平线 OH 上面，我们取出 x 的一串值，而在垂直线 OV 上面我们取出 y 的一串值。从各点都画 OH 或 OV 的垂线，从 x 和 y 的两两相应的值所画出的两垂线都有一个交点。这些点总集起来就画出了一条曲线，这条曲线就表示出了我们的函数。

图 22